operação de caldeiras
GERENCIAMENTO, CONTROLE E MANUTENÇÃO

Blucher

Manoel Henrique Campos Botelho
Hercules Marcello Bifano

operação de caldeiras
GERENCIAMENTO, CONTROLE E MANUTENÇÃO
2.ª edição

Operação de caldeiras – gerenciamento, controle e manutenção
© 2015 Manoel Henrique Campos Botelho
           Hercules Marcello Bifano

2ª edição - 2015
Editora Edgard Blücher Ltda.

Blucher

Rua Pedroso Alvarenga, 1245, 4º andar
04531-934 – São Paulo – SP – Brasil
Tel 55 11 3078-5366
contato@blucher.com.br
www.blucher.com.br

Segundo o Novo Acordo Ortográfico, conforme 5. ed. do
Vocabulário Ortográfico da Língua Portuguesa,
Academia Brasileira de Letras, março de 2009.

É proibida a reprodução total ou parcial por quaisquer
meios, sem autorização escrita da Editora

Todos os direitos reservados a Editora Edgard Blücher Ltda.

FICHA CATALOGRÁFICA

Botelho, Manoel Henrique Campos
   Operação de caldeiras: gerenciamento, controle
e manutenção / Manoel Henrique Campos
Botelho, Hercules Marcello Bifano. – 2. ed. – São
Paulo: Blucher, 2015.

   ISBN 978-85-212-0943-0

1. Caldeiras a vapor – Manutenção e reparos
2. Caldeiras a vapor – Medidas de segurança
I. Título II. Bifano, Hercules Marcello
III. Sindicato dos Tecnólogos do Estado de São
Paulo

15-0813   CDD 621.183

Índice para catálogo sistemático:
1. Caldeiras a vapor

Sobre os autores

MANOEL HENRIQUE CAMPOS BOTELHO

É autor de vários livros sobre a construção civil. Tem-se destacado como especialista em comunicação tecnológica.

Formou-se em 1965 como engenheiro civil na Escola Politécnica da Universidade de São Paulo. É autor da coleção *Concreto Armado, Eu Te Amo*.

Escreveu este texto a partir de sua ação na gerência das unidades de dois hospitais com um total de quatro caldeiras.

HERCULES MARCELLO BIFANO

É engenheiro industrial mecânico de produção, formado pela Faculdade de Engenharia Industrial – FEI, São Paulo, SP, em 1976, com especialização em engenharia Econômica e Administração Industrial pela Universidade Federal do Rio de Janeiro – UFRJ, em 1981. Atuou como engenheiro e consultor na operação e reparos de caldeiras marítimas principais, caldeiras auxiliares e caldeiras industriais.

Este livro é dirigido principalmente para caldeiras de aquecimento (caldeira de vapor saturado) e aquecidas por queima de combustível.

Apresentação

Este é um livro ABC para operadores de caldeira, ou seja, um livro simples e de primeira leitura, um livro que procura estimular o leitor a estudar e se desenvolver. *É um livro para operadores de caldeiras de aquecimento* e para aqueles que querem entrar no mundo do vapor.

Para os que querem ser operadores de caldeiras, o caminho é fixado na Norma Regulamentadora NR 13, do Ministério do Trabalho. É necessário fazer um curso sobre o assunto. Este livro tem o objetivo simples de auxiliar esses alunos e os interessados pelo mundo do vapor.

Este livro só existe pelo fato de um dos autores ter feito parte da equipe de operação e manutenção de uma entidade que cuida de dois hospitais estaduais, onde existem, em cada um deles, duas caldeiras fogotubulares alimentadas com GLP.

Agradeço aos colegas, Sr. Maurivan e aos outros colegas, pelos ensinamentos práticos que recolhi ao acompanhar o trabalho de operação e manutenção dessas caldeiras.

Foram valiosas as conversas filosóficas sobre vapor com o Eng. Sérgio dos Santos Braga e com o Eng. Emilio Paulo Siniscalchi. Ambos leram uma minuta do trabalho e fizeram contribuições. O Eng. Hercules Marcello Bifano atuou como orientador e consultor do texto.

Um dos autores:

> *Eng. Manoel Henrique Campos Botelho, fevereiro 2011.*
> *Contatos com o autor : manoelbotelho@terra.com.br*

Para contato com os autores, ver item 43, p. 209.

Nota – Face a acordo com o "Sintesp – Sindicato dos Técnicos de Segurança do Trabalho do Estado de São Paulo"este manual foi analisado pelo corpo técnico desse sindicato, que recomenda a leitura desse manual por profissionais de segurança do trabalho.

Notas

1. Nunca é demais alertar: Sr. operador de caldeira, quando cuidar de sua caldeira, leve sempre em consideração o Manual de Operação e Manutenção do fabricante e a Norma Regulamentadora NR 13, do Ministério do Trabalho. O manual do fabricante é a bíblia da caldeira. Só o fabricante pode dar aspectos específicos de sua caldeira.

2. Na preparação deste livro não existiu preocupação estilística. Ao contrário, achamos que preocupação com o estilo pode prejudicar o único objetivo do livro, que é de agrupar informações e formar o profissional iniciante no mundo das caldeiras. Assim, por clareza e ênfase, repetem-se informações. Desde que a didática seja atendida, nenhuma preocupação de estilo literário formal interessa aos autores.

3. Caldeiras de referência. Para poder dar exemplos práticos e numéricos, utilizaremos como caldeiras de referência o conjunto de caldeiras de um grande hotel de veraneio localizado em uma estância turística do sul de Minas Gerais, e que tem como características:
   - duas caldeiras iguais, fogotubulares[*], horizontais, cada uma com produção de cerca de 800 kg/h de vapor;
   - aquecimento por queima de gás GLP;
   - são totalmente automáticas;
   - pressão de trabalho igual a 8 kgf/cm^2;

O esquema funcional é o que se segue:

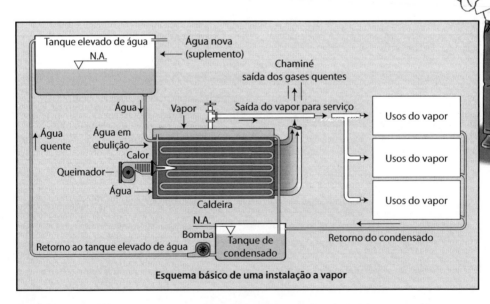

Esquema básico de uma instalação a vapor

Nota – Não se fala de caldeira sem se falar do operador de caldeira, que é o Seu Chiquinho, hoje com sessenta anos, profissional competente e veterano de muitas caldeiras.

(*) Ao consultar este livro e a literatura técnica, considerar os termos sinônimos: casa das caldeiras = sala das caldeiras; caldeira aquatubular = caldeira acquatubular = caldeira aguatubular; caldeira fogotubular = caldeira flamotubular = caldeira framatubular.

Conteúdo

1   A importância do calor e as funções das caldeiras – as linhas de vapor – normas sobre caldeiras 13

2   Sistemas de geração de vapor.. 23

3   Explicando calor, temperatura e pressão.. 29

4   Acompanhando a passagem da água do estado líquido para o estado gasoso (vapor)... 37

5   O misterioso vapor. Vamos entendê-lo 41

6   Entendendo, com mais detalhes, o funcionamento de uma caldeira. Tabela de vapor saturado (Flieger–Mollier). O mistério das três caldeiras 45

7   Tipos de caldeiras.. 49

8   Caldeiras elétricas 55

9   Os queimadores e os combustíveis mais comuns............................... 59

10   Detalhando as linhas e os sistemas de vapor 65

11   Outros detalhes de linhas de vapor e linhas de condensado de retorno.. 71

12   Os importantes purgadores... 79

13   Tanques auxiliares.. 83

14   O vapor reevaporado (*flash*) 85

15   Sensores 87

16   Comandos de uma caldeira 89

17   Cuidados especiais de um operador de caldeira 93

18   A casa da caldeira.. 95

19   A água para a caldeira e seu tratamento 99

20   Atenção: a caldeira vai partir... 107

21   Quando existe um excesso de solicitação de vapor ou baixa demanda de vapor... 111

22	Quando a caldeira não parte	115
23	Tipos e funções das válvulas e outros materiais e equipamentos	117
24	Situações de alarmes e desligamentos	125
25	Rotinas horárias, diárias, mensais, semestrais e anuais da operação de caldeiras	127
26	Tipos de manutenção de uma caldeira	131
27	Materiais de construção das caldeiras e linhas de vapor	133
28	Válvulas de segurança – exemplo de cálculo simplificado	137
29	Formando o futuro operador de caldeira	141
30	Explicando tim-tim por tim-tim o catálogo técnico comercial de um fabricante de caldeiras	147
31	Tipos de bombas para vapor	151
32	Relatórios sobre o estado de caldeiras e os seus sistemas de vapor	153
33	Caldeira desativada – cuidados de manutenção	157
34	Relatórios de operação	159
35	Casos de acidentes usando caldeiras – Excesso de pressão, erro na partida, danos por corrosão à estrutura de aço da caldeira e outros	161
36	Notas técnicas sobre caldeiras e sobre o uso do calor	165
37	Teste para a seleção de um operador de caldeira	171
38	Leis, normas e a NR 13 na íntegra	173
39	Onde estudar mais	199
40	Conversão de unidades térmicas	201
41	Cartas respondidas e notas complementares	203
42	Índice de assuntos	207
43	Contato com os autores	209

A importância do calor e as funções das caldeiras – as linhas de vapor – normas sobre caldeiras

O uso do calor (não necessariamente o fogo) acompanha a história do homem até hoje.

Usa-se o calor em muitas funções, tais como:

item A) em temperaturas de 0° a 200 °C:

Funções:

- aquecer a água para a higiene pessoal;
- cocção (cozimento) de alimentos;
- em regiões frias, para calefação doméstica (aquecimento do ambiente interno da casa);
- em autoclaves, fazendo-se esterilização de instrumentos ou produtos em geral;
- em autoclaves, na recauchutagem de pneus aplicando sob pressão e alta temperatura nova banda de borracha à carcaça de um pneu velho;
- em processos industriais, os mais variados.

item B) em mais altas temperaturas maiores que 200 °C:

- em máquinas a vapor, quando a função do vapor é movimentar eixos, como, por exemplo, nas velhas locomotivas ou navios a vapor;
- soldas de materiais, fabricando-se, assim, peças;
- fornos específicos;
- fundições.

O início do fogo

Caldeira de vapor saturado

A importância do calor e as funções das caldeiras – as linhas de vapor **15**

Vamos nos limitar ao estudo do uso do calor nos casos do item A (temperaturas de 0° a 200 °C), **o chamado calor de aquecimento**. O estudo do vapor produzido em caldeiras especiais para acionamento de eixos (um dos casos do item B) está fora do nosso escopo, embora aqui e ali façamos citações.

Mostram os estudos e a prática que, quando necessitamos do calor em vários pontos, a melhor solução econômica e operacional é aquecer a água, transformando-a em vapor e, depois, enviá-la para os vários pontos de consumos. Para essa transformação da água como líquido para vapor, o equipamento a ser usado chama-se caldeira.

Reprisemos: chama-se caldeira o equipamento que ferve a água gerando o vapor num ambiente fechado (com pressão, portanto) e envia esse vapor (temperatura por volta de 150 °C) por linhas de tubulações de vapor para os vários pontos de consumo.

Todos nós temos um tipo de caldeira em casa: a panela de pressão.

A caldeira compõe-se de água que entra num vaso de pressão e o enche até um certo nível. Utiliza-se um combustível (gás, lenha e outros) que, com sua queima, libera calor que começa a esquentar a água, transformando-a em vapor e, dessa forma, este, tendendo a expandir, cria pressão dentro do vaso. A partir de linhas de vapor (tubos de aço, na sua maioria), os vários pontos de uso são alimentados com o calor transportado pelo vapor.

Nessa situação, nos usos gerais:

- o vapor transporta a energia térmica do combustível em forma de calor para vários locais onde o calor é desejado;
- o vapor pode até movimentar eixos (velhas locomotivas ou navios a vapor e modernos usos industriais em geral).

Os combustíveis usados nas fornalhas (queimadores) de caldeiras podem ser os mais variados, entre os quais:

- lenha, cavacos de madeira, bagaço de cana, casca de coco;
- carvão;
- gás GLP (gás liquefeito de petróleo);
- BPF (óleo de Baixo Ponto de Fusão, rico em enxofre, sua queima é um verdadeiro problema ambiental, um pobre resíduo da indústria petroquímica);
- gás natural;
- óleo combustível e diesel;
- usa-se também a eletricidade para aquecimento da água nas caldeiras.

A caldeira tem seu corpo principal construído com chapas de aço e usa camadas de lã de vidro (algo como 50 mm [2"] de espessura) como isolamento térmico do ambiente quente do seu interior. Os tubos de vapor também são revestidos contra a perda de vapor.

Exemplos de uso do vapor estão expostos a seguir.

Caso 1

Um hotel ou hospital precisa de vapor para:

- esquentar água para os banheiros;
- fazer a cocção dos alimentos;
- eventualmente para auxílio na lavagem de roupas usadas pelos hóspedes.

Usa-se para isso uma caldeira acionada, por exemplo, à queima de lenha.

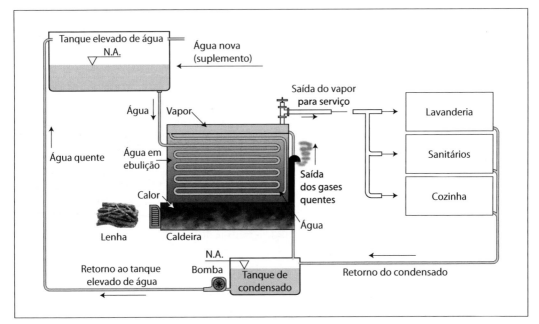

Caldeira a lenha

O vapor vai, por uma linha, direto para a cozinha, alimentando serpentinas por onde passa o calor e estas, imersas em tanques com água, fazem o cozimento do alimento que está nos panelões.

Como visto, inicialmente o vapor (temperatura na faixa de 150 °C) envolve os panelões da cozinha (sem contato físico com a água) aquecendo-os. Por outra linha, o vapor vai, via serpentina, a um tanque cheio de água, aquecendo essa água para a faixa próxima de 50 °C. Essa água quente é enviada para as torneiras de água quente da cozinha.

O vapor, depois de tanto ser usado, agora com menos calor, mas ainda quente (é uma água quente), chama-se *condensado* e é enviado para um tanque denominado tanque de condensado. O condensado nesse tanque retorna por bomba via reservatório para a caldeira, pois, afinal de contas, o condensado é uma água limpa e quente e não deve ser jogada fora (desperdiçada).

Para água de aquecimento (água quente de uso humano – cerca de 50 °C), envia-se vapor para mistura com água fria em um tanque chamado de aquecedor (*boiler*) e a água resultante é enviada para consumo.

O circuito da caldeira é mantido funcionando permanentemente usando a queima do combustível. Como sempre há perdas de vapor na linha e consumo de água quente, periodicamente se adiciona (complementa) água no sistema, e, que será esquentada virando vapor.

Nota – Hospitais, hotéis e outros usuários costumam ter, por segurança, no mínimo duas caldeiras que trabalham alternativamente.

Caso 2 – Panela de pressão

Na panela de pressão não há consumo contínuo de água, pois toda ela, a menos de perda pela válvula de alívio, se transforma em vapor, que é usado aumentando a temperatura interna da panela. Com o aumento da pressão e aumento da temperatura, a cocção (cozimento) se acelera. Essa é a vantagem da panela de pressão. Com a transformação do líquido dentro da panela (todo uso de panela tem que ter água ou líquido rico em água), a água vira vapor e aumenta enormemente a pressão dentro da panela. O aumento da pressão acelera o cozimento.

O cozimento do feijão (cereal) com água leva quatro horas (duzentos e quarenta minutos) em panela comum (sem pressão) e leva cerca de vinte minutos para o mesmo cozimento em panela de pressão.

A temperatura de ebulição da água numa panela de pressão e face à essa pressão é da ordem de 110 °C.

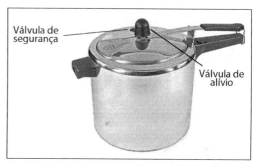

Panela de pressão

Caso 3 – Máquina a vapor

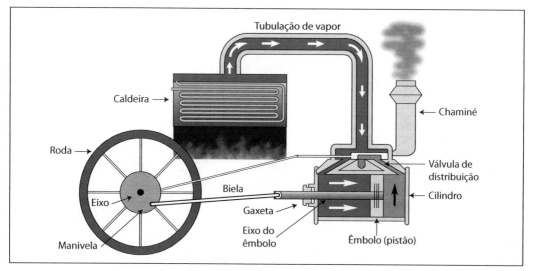

Esquema básico de uma máquina a vapor com sistema biela-manivela

A água vira vapor e todo o vapor é expelido (expulso) para a atmosfera, e na sua expulsão gira um eixo motor da locomotiva.

Nas velhas locomotivas a vapor, pela garbosa chaminé, saíam:

- o vapor usado para acionar eixos motores;
- os gases queimados da combustão.

Havia um local específico para a saída de um vapor especial: era o vapor que acionava o inconfundível apito da locomotiva (vapor do apito).

Locomotiva a vapor, vulgo "Maria Fumaça"

Normas e disposições sobre caldeiras

NR 13	Norma do Ministério do Trabalho e Emprego (regras de operação e segurança)
NBR 12177-1 1999	Caldeiras estacionárias a vapor – Inspeção de segurança – Parte 1 – Caldeiras flamotubulares
NBR 12177-2 1999	Caldeiras estacionárias a vapor. Inspeção de segurança – Parte 2 – Caldeiras aquatubulares
NBR 13203	Inspeção de segurança de caldeiras estacionárias elétricas

Decisões do Confea – Conselho Federal de engenharia e arquitetura

A importância do calor e as funções das caldeiras – as linhas de vapor 19

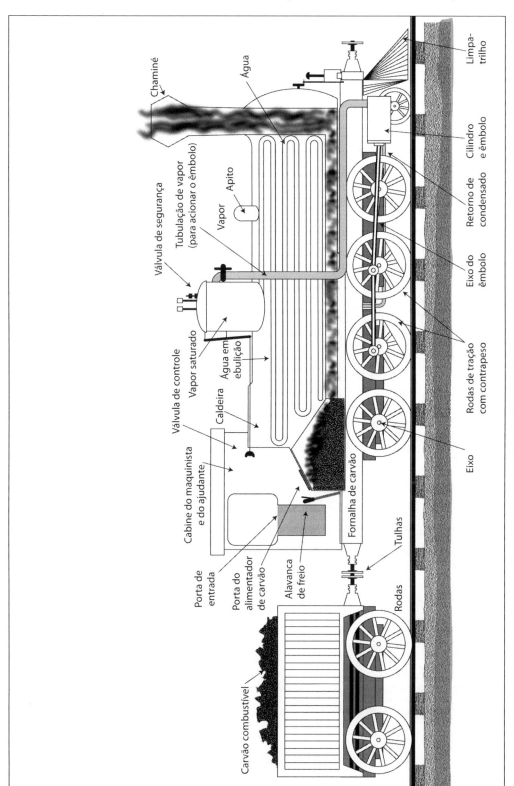

Desenho esquemático de uma locomotiva a vapor

Exemplos detalhados de uso de vapor

1. Aquecendo a água

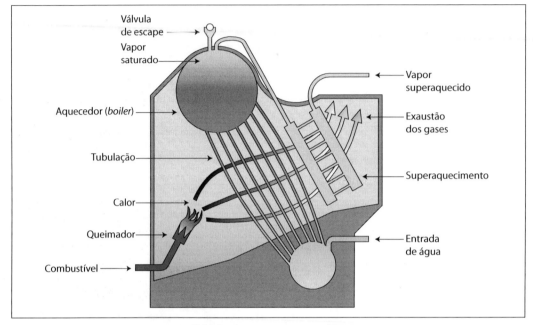

Caldeira de vapor superaquecido

A temperatura da água quente produzida depende da regulagem da quantidade de vapor que passa e da quantidade da água.

Vapor superaquecido é o vapor seco que passou pelo superaquecedor e está a mais de 200 °C.

2. Cozinhando em panelões

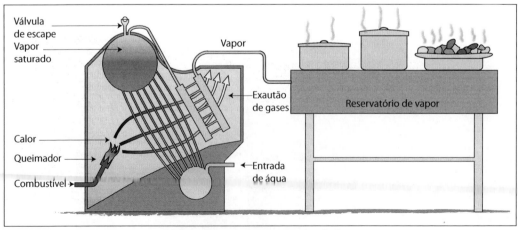

Caldeira de vapor de aquecimento de água

3. Recauchutagem de pneus usando o vapor

   Etapas da recauchutagem
   a) A superfície externa da carcaça velha do pneu é raspada e coloca-se nova camada de borracha sobre ela. A nova camada é colada na carcaça. Tudo vai para a autoclave, que é um tanque de aço onde se injeta vapor com pressão.
   b) Após o tempo necessário para que ocorra a colagem, a autoclave é aberta. Como houve contato do vapor com o pneu, esse vapor é considerado contaminado e, com isso, é descartado na atmosfera.

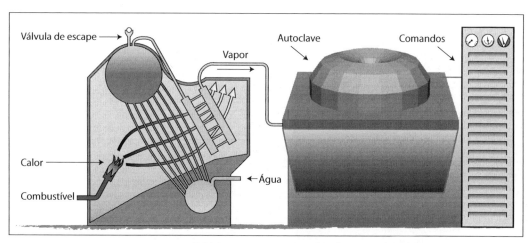

Caldeira a vapor para autoclave*

Partes de uma caldeira

A caldeira por queima de combustível é composta essencialmente por:
- corpo da caldeira de aço, constituindo-se de um reservatório dentro do qual a água alimentada vira vapor;
- tubos internos, normalmente de aço, por onde passam os gases muito quentes, provenientes da combustão, ou passa água que sofre o aquecimento, envolvida pelos gases que circundam os tubos cheios de água;
- alimentador de combustível (manual ou automático);
- queimador de combustível;
- tubulação de saída de vapor – o vapor produzido dentro da caldeira deve ser enviado aos pontos de utilização. Isso é feito por uma tubulação que se inicia na caldeira e vai até os pontos de interesse;
- tubulação de saída de gases queimados – depois de aquecer a água da caldeira, os gases queimados saem desta, sendo dispostos na atmosfera;
- válvulas de descarga (extração) de fundo – para esvaziamento, tirar resíduos e dispor o lodo criado pelo tratamento de água;

(*) Autoclave – aparelho que usa vapor para esterilizar instrumentos.

- válvulas de segurança contra excesso de pressão – atuam no caso de a pressão do vapor na caldeira se elevar mais do que o desejado;
- dispositivos de controle – controlam a entrada de gases combustíveis, a ligação do acendedor da queima dos gases e o acionamento do motor da bomba de água que alimenta a caldeira;
- entre outros.

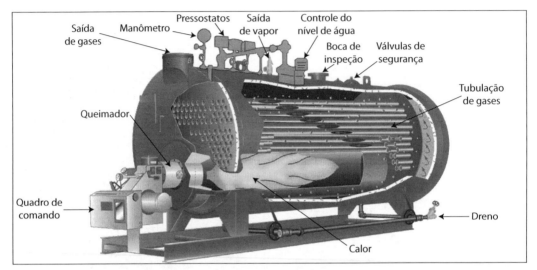

Caldeira de vapor e seus principais componentes

Caldeira de grande porte, do tipo estacionária (fixa na casa de caldeiras), grande capacidade de geração de vapor, usando óleo combustível para aquecer a água.

Sistemas de geração de vapor

Quanto ao sistema:
- sistema aberto
- sistema fechado

No sistema aberto, a água utilizada na caldeira é descarregada na atmosfera em forma de vapor; é o caso das locomotivas antigas a vapor e alguns tipos de instalações.

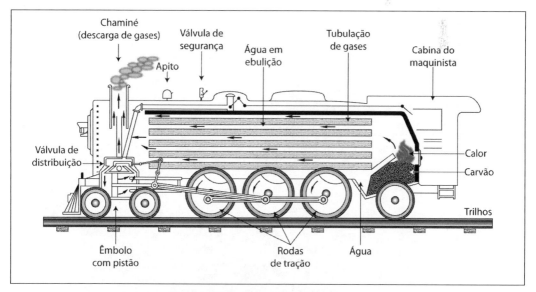

Esquema básico de uma locomotiva a vapor

No sistema fechado, há o reaproveitamento da água, fazendo o vapor circular em um condensador que o tranforma em água novamente e que retorna ao sistema; quando o volume de água baixa por vazamento de vapor, em geral nas gaxetas das válvulas e nos extratores, suplementa-se a água perdida com água (tratada).

Caldeira a vapor em sistema fechado

Quanto ao tipo de geradores (caldeiras):
- fogotubular;
- aguatubular;
- elétrica;
- fissãonuclear.

No tipo fogotubular, o fogo decorrente da combustão do combustível e do ar atmosférico é direcionado para dentro dos tubos, que são banhados externamente pela água. Em geral, são caldeiras utilizadas em indústrias, hospitais, hotéis, edificações, auxiliares marítimas (navios) etc.

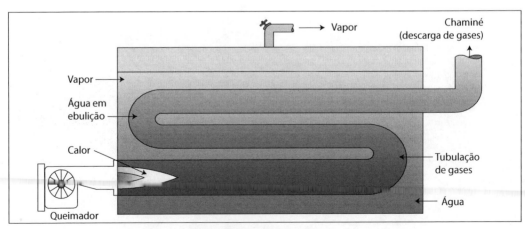

Esquema de caldeira fogotubular

No tipo aguatubular é o inverso, a água circula por dentro dos tubos e o fogo decorrente da combustão do combustível e do ar atmosférico banha externamente os tubos. Em geral, são caldeiras utilizadas em usinas termoelétricas, acionamento de turbinas propulsoras marítimas (navios).

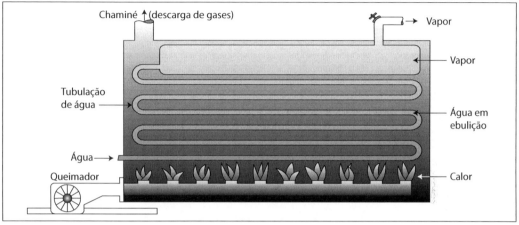

Modelo de caldeira aguatubular

No tipo fissãonuclear, a fissão nuclear (atômica) aquece o reator em que a água circula e se transforma em vapor. Em geral, são caldeiras utilizadas em usinas nucleares, navios nucleares etc.

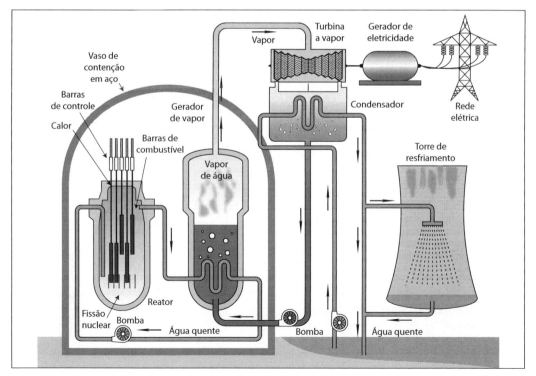

Esboço de uma usina termonuclear

No tipo elétrica, a eletricidade, aquecendo resistências elétricas, gera calor, que é utilizado para transformar a água em vapor. Em geral, são caldeiras utilizadas em indústrias, hotéis, hospitais, edifícios etc.

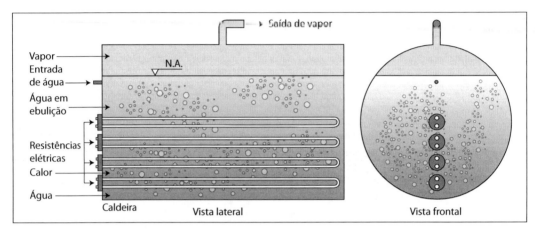

Modelo de caldeira elétrica

Quanto ao tipo do combustível:

- lenha, combustível sólido;
- carvão, combustível sólido;
- óleo diesel, combustível líquido;
- óleo combustível (óleo de caldeira), combustível líquido;
- urânio enriquecido; combustível sólido;
- eletricidade, fluxo elétrico;
- gás, combustível gasoso.

Na forma de lenha, a combustão da lenha cortada em partes, com o ar atmosférico, ao se queimar, faz com que os gases quentes aqueçam a água, transformando-a em vapor; é o caso de caldeiras instaladas em fazendas.

Na forma de carvão, o carvão em partes, com o ar atmosférico, ao se queimar, libera calor que é direcionado aos tubos, transformando a água em vapor; é o caso de locomotivas (antigas) e usinas.

Na forma de óleo diesel, o óleo com o ar atmosférico, ao se queimar, libera calor que é direcionado aos tubos, transformando a água em vapor; é o caso de caldeiras industriais.

Na forma de óleo combustível (óleo de caldeira), o óleo com o ar atmosférico, ao se queimar, sendo que na maioria dos casos necessita ser previamente aquecido (aquecedor) para reduzir sua viscosidade e poder fluir na tubulação de alimentação de combustível, que vai nas caldeiras fogotubulares e aguatubulares aquecer a água e transformá-la em vapor, é o caso das caldeiras industriais, marítimas e de usinas termoelétricas.

Na forma de urânio enriquecido, a fissão nuclear gera calor no reator que aquece a água que irá trocar calor com o recipiente contenedor de água que será transformada em vapor; é o caso de usinas termonucleares e navios nucleares.

Na forma de eletricidade, a eletricidade, fluindo na resistência, vai aquecê-la, que, em contato com a água, transforma-a em vapor; é o caso de indústrias.

Na forma de gás, o gás queimado gera calor que, fluindo por tubos, transforma a água em vapor; é o caso de hospitais, hotéis etc.

Quanto à produção
- vapor seco;
- vapor saturado.

No caso do vapor seco, as caldeiras têm um superaquecedor que desumidifica o vapor saturado, tornando-o seco (invisível), e eleva sua temperatura (cerca de 400 °C), em geral são caldeiras de rápida vaporização, aguatubulares; sendo utilizadas em usinas termoelétricas, processos industriais, navios a turbina etc.

No caso de vapor saturado, a caldeira não tem o superaquecedor, sendo o vapor produzido úmido (visível), nas caldeiras fogotubulares; sendo utilizadas em indústrias, hospitais, hotéis, lavanderias, navios (caldeiras auxiliares) etc.

Quanto à posição
- horizontais;
- verticais.

Na posição horizontal, as mais comuns, a tubulação em geral é de tubos retos, dispostos horizontalmente (paralelo ao chão); sendo utilizadas nas indústrias, hospitais, navios etc.

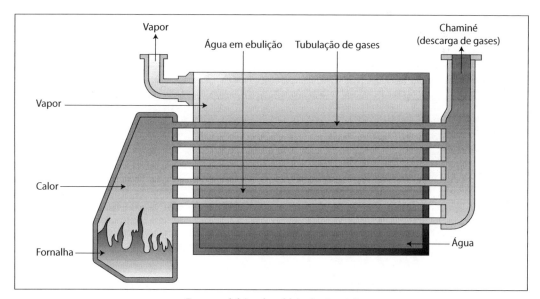

Esquema básico de caldeira horizontal

Na posição vertical, a tubulação em geral são serpentinas, colocadas sobrepostas verticalmente (perpendicular ao chão); sendo utilizados em plantas industriais de processos químicos, hotéis, edifícios (vapor para aquecer centralmente água) etc.

28   Operação de caldeiras – gerenciamento, controle e manutenção

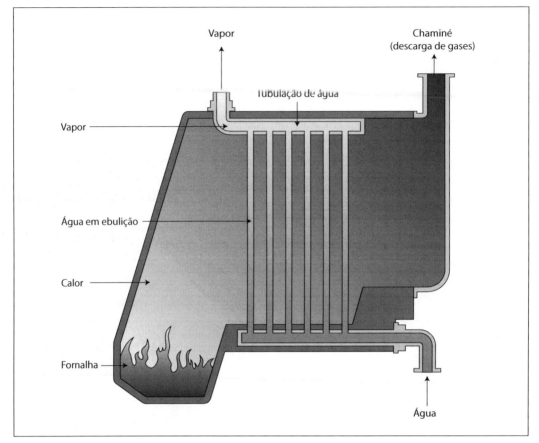

Esquema básico de caldeira vertical

O acima exposto serve para nos situar no presente trabalho, direcionado para caldeiras fogotubulares, de vapor saturado e utilizando combustíveis líquidos, que são a maioria das caldeiras utilizadas no Brasil.

Explicando calor, temperatura e pressão

Antes de avançar no estudo, façamos um momento de fixação de conceitos.

1) Vazão e pressão

Façamos uma analogia. Sejam dois tanques com água, A e B.

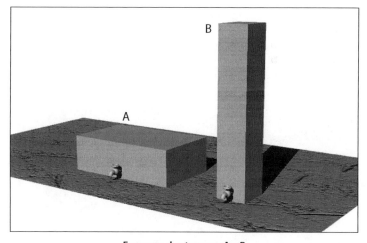

Esquema dos tanques A e B

O tanque A tem grande volume, V_A, e baixa altura de água, h_A. O tanque B tem menor volume, V_B, e grande altura, h_B.

Se abrirmos orifícios nos fundos dos tanques A e B, sairá mais vazão do tanque B do que do tanque A. Isso é hidráulica. Na termodinâmica, a quantidade de calor é o volume hidráulico e a temperatura é a pressão.

A temperatura mede a agitação térmica de um corpo. A escala de medida de temperatura usa a temperatura de congelação da água (0° Celsius) e a temperatura em que a água ferve (100° Celsius).

Esses dois pontos de temperatura são muitos específicos, pois neles ocorrem mudanças de estado, a saber: de água do estado líquido para o sólido (0 °C) e do estado líquido para o estado gasoso (100 °C).

Nos países de língua inglesa, usa-se outra escala, a escala Fahrenheit com correlação direta:

Graus Celsius	– 20	– 10	0	10	20	30	50	100	120	130	140	150	180	200
Graus Fahrenheit	– 4	14	32	50	68	86	122	212	248	266	284	302	356	392

Fórmula geral
$$C/5 = (F - 32)/9$$

2) Volume

É medido em litros (L)[*] ou em metros cúbicos (m³), que vale mil litros.

Um litro (L) é o volume de um recipiente com um decímetro (dm) de largura, um decímetro (dm) comprimento e um decímetro (dm) de altura.

3) Pressão

Seja um tanque cheio de água e há um tubo de líquido a ele ligado como mostra a figura.

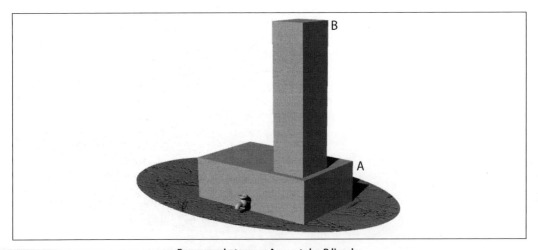

Esquema do tanque A com tubo B ligado

---

[*] De acordo com as normas do SI (Sistema Internacional de Unidades), pode-se usar "L" como símbolo de litro, para evitar confusões.

Se o manômetro indica a pressão de 1,3 kgf/cm^2, pode-se afirmar que a altura de água no tubo é de $1,3 \times 10 = 13$ m.

Se, numa outra situação, a altura de água for de 17,3 m, então a pressão no manômetro será de 1,73 kgf/cm^2.

Pode-se dizer que numa caldeira com pressão atuante de 1,83 kgf/cm^2 tudo se passa como se ela tivesse ligada a um tubo com água com 18,3 m de coluna de água.

4) Calor

O calor é medido em calorias. Cem gramas de amendoim tem a capacidade térmica de 563 calorias.

$$1 \text{ caloria} = 4,186 \text{ joules (J)}$$

5) Calor específico

Quantidade de calor que se deve fornecer a um grama de um corpo para variar de um grau.

A água tem calor específico igual a um. Assim, para esquentar 43 kg de água de 23 para 81, a quantidade de calor necessária é de:

$$Q = m \times c \times (t_2 - t_1) = 43 \times 1 \times (81 - 23) = 43 \times 58 = 2.494 \text{ calorias}$$

Tabela de calores específicos	
Água	1
Vapor	0,48
Gelo	0,50
Ouro	0,032
Cobre	0,094

Notar que é mais fácil esquentar metais que a água (devido a calores específicos menores dos metais).

Nos dias frios, é usual tomar sopa (que essencialmente é água). Por quê? É que se temos três pratos de comida, todos com mesma massa, todos a 50 °C, o prato com sopa é que demandou mais calor para chegar a 50 °C, e será a comida que mais calor transmitirá, por isso, ao corpo que se alimentar. Quem mais exige calor para esquentar reserva mais calor e transmite mais calor ao se esfriar.

Conheçamos dois nomes para o calor:

- quando um corpo cede calor para outro, sem mudança de estado, isso é chamado de *calor sensível.*
- quando um corpo cede calor para outro e *ocorre mudança de estado*, isso se chama *calor latente.*

Assim, quando estamos esquentando a água em uma panela, na faixa de 30 °C a 99 °C, estamos cedendo, via queima de gás, um calor denominado *calor sensível*. Quando continuamos a esquentar a panela a partir de 99,5 °C, esse calor adicionado à panela com água denomina-se *calor latente*.

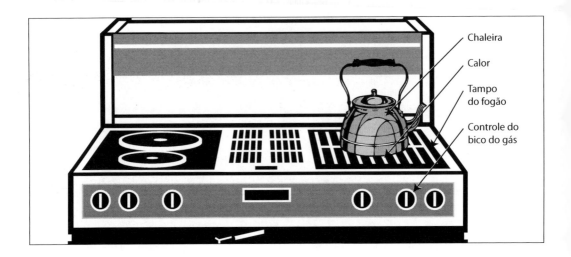

Notar que o famoso "banho-maria", em que esquentamos algo dentro de uma panelinha dentro de uma panela com água fervente, nunca o produto dentro da panelinha ultrapassa a temperatura de 100 °C, pois a água fervente da panela maior nunca passa dessa temperatura, já que está fervendo e mudando de estado. Se não prestarmos atenção, a água fervente da panela maior pode secar (toda a água vira vapor e evapora), e aí se continuar a panela grande a ser esquentada, como não há mais água para ferver, a temperatura da panela grande começa a aumentar de 100 °C e, por contato, a temperatura da panela pequena começa a aumentar também. O sucesso do banho-maria (esquentar sem passar de 100 °C) é sempre ter água na panela maior.

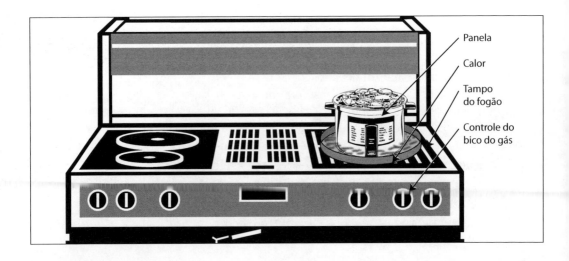

Para a água:

- calor latente de fusão (passar de gelo para água) – 80 calorias por grama;
- calor latente de evaporação (passar de água para vapor) – 540 calorias por grama de água.

6) Condutividade térmica

A condutividade térmica (W/(mK)) de vários materiais está na tabela a seguir:

Tabela de condutividade térmica de materiais de construção				
Grupo	Material	Massa específica (kg/m³)	Condutividade térmica	
			Seco	Molhado
Metal	Alumínio	2.800	204	204
	Cobre	9.000	372	372
	Ligas	12.250	35	35
	Aço, ferro	7.800	52	52
	Zinco	7.200	110	110
Pedra natural	Basalto, granito	3.000	3,50	3,5
	Calcário, mármore	2.700	2,50	2,50
	Arenito	2.600	1,60	1,60
Alvenaria	Tijolo	1.600 - 1.900	0,60 - 0,70	0,90 - 1,20
	Tijolo de areia-cal	1.900 1.000 - 1.400	0,90 0,50 - 0,70	1,40
Concreto	Concreto de cascalho	2.300 - 2.500	2	2
	Concreto leve	1.600 - 1.900 1.000 - 1.300 300 - 700	0,70 - 0,90 0,35 - 0,50 0,12 - 0,23	1,20 - 1,40 0,40 - 0,80
	Concreto de pó de polimento	1.000 - 1.400 700 - 1.000	0,35 - 0,50 0,23 - 0,50	0,50 - 0,95
	Concreto de isolação	300 - 700	0,12 - 0,23	
	Concreto celular	1.000 - 1.300 400 - 700	0,35 - 0,50 0,17 - 0,23	0,70 - 1,20
	Concreto de escória	1.600 - 1.900 1.000 - 1.300	0,45 - 0,70 0,23 - 0,30	0,70 - 1,00 0,35 - 0,50
Inorgânico	Cimento de asbesto	1.600 - 1.900	0,35 - 0,70	0,90 - 1,20
	Placa gipsita	800 - 1.400	0,23 - 0,45	
	Cartão gipsita	900	0,20	
	Vidro	2.500	0,80	0,80
	Lã de vidro	150	0,04	
	Lã de rocha	35 - 200	0,04	
	Telhas	2.000	1,20	1,20
Emplastros	Cimento	1.900	0,90	1,50
	Cal	1.600	0,70	0,80

34 Operação de caldeiras – gerenciamento, controle e manutenção

Tabela de condutividade térmica de materiais de construção (*continuação*)				
Grupo	Material	Massa específica (kg/m³)	Condutividade térmica	
			Seco	Molhado
	Gipsita	1.300	0,5	0,8
Orgânico	Cortiça (expandida)	100 - 200	0,40 - 0,0045	
	Linóleo	1.200	0,17	
	Borracha	1.200 - 1.500	0,17 - 0,30	
	Placa de fibra	200 - 400	0,08 - 0,12	0,09 - 0,17
Madeira	Folhosa	800	0,17	0,23
	Madeira leve	550	0,14	0,17
	Compensada	700	0,17	0,23
Sintéticos	Poliéster	1.200	0,17	
	Polietileno, Polipropileno	930	0,17	
	Cloreto de polivinil	1.400	0,17	
Espuma sintética	Espuma de poliestireno, expandida (picossegundo)	10-40	0,035	
	Ditto, expulso	30-40	0,03	
	Espuma de poliuretano (PUR)	30 - 150	0,025 - 0,035	
	Espuma dura ácida do fenol	25 - 200	0,035	
	PVC - espuma	20 - 50	0,035	
Isolação de cavidade	Isolação da cavidade da parede	20 - 100	0,05	
Materiais betuminosos	Asfalto	2.100	0,70	
	Betume	1.050	0,20	
Água	Água	1.000	0,58	
	Gelo	900	2,20	
	Neve fresca	80 - 200	0,10 - 0,20	
	Neve velha	200 - 800	0,50 - 1,80	
Ar	Ar	1,2	0,023	
Solo	Solo florestal	1.450	0,80	
	Argila arenosa	1.780	0,90	
	Solo arenoso úmido	1.700	2	
	Solo seco	1.600	0,30	
Revestimento assoalho	Telhas de assoalho	2.000	1,50	
	Parquet	800	0,17 - 0,27	
	Tapete de feltro de náilon	0,05		
	Tapete c/ espuma de borracha	0,09		
	Cortiça	200	0,06 - 0,07	
	Lãs	400	0,07	

Tabela retirada do site da empresa:
PROTOLAB - LABORATÓRIO DE PROPRIEDADES TERMOFÍSICAS E PROTOTIPAÇÃO
Sorobaca - SP

O baixíssimo valor da condutividade térmica do ar explica por que podemos, na cozinha, trabalhar perto de chamas e não sentir desconforto térmico, e explica que podemos acender fogo dentro de um iglu (de gelo) e o seu gelo estrutural não se derrete. O ar não transmite calor na prática.

7) Calor de combustão

- lenha 4.000 cal/g
- querosene 11.000 cal/g

8) Relações

Dado um gás contido em um volume (ambiente da caldeira), a relação de pressão e de temperatura é:

$$p_1/T_1 = p_2/T_2$$

onde:

p = pressão

T = temperatura Kelvin = 273 + t (Celsius)

Nota – A unidade de medida da condutividade térmica tem como símbolo (W/(mK)) onde W é watt, m é metro e K é a temperatura em graus Kelvin, sendo que o grau Kelvin é o grau centígrado mais 273 graus centígrados.

Página para anotações

Acompanhando a passagem da água do estado líquido para o gasoso (vapor)

Seja um tanque de aço totalmente fechado com água pela metade, com temperatura a 20 °C e que acabamos de fechar, ou seja, a pressão interna desse tanque é a pressão ambiente. Esse tanque tem manômetro (medidor de pressão) e termômetro (medidor de temperatura). Coloquemos esse tanque numa fornalha (fogão). Acompanhemos passo a passo o que vai acontecer nesse tanque, que é uma caldeira.

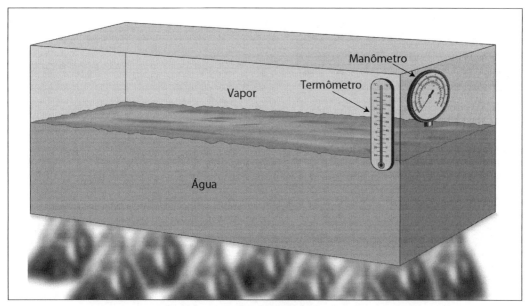

Tanque de aço

Tempo zero

A água, o ar interno e o tanque estão a 20 °C, temperatura do ambiente. Isso está indicado no termômetro. A indicação do manômetro é zero, pois manômetro mede a pressão que excede a *pressão atmosférica,* e a pressão dentro do tanque é a pressão atmosférica. Se fizermos um furo na parte superior do tanque, nem sai e nem entra ar. *Atenção*: fechamos o furo. O fogo foi ligado e tudo começa a esquentar.

Tempo um

Depois de algum tempo do fogo ligado, a temperatura da água dentro da **caldeira** (o nosso tanque ganhou esse nome) já está a cerca de, digamos, 70 °C, medida no termômetro. Como o **ar** dentro da caldeira tentou se dilatar enormemente e o tanque não deixa isso acontecer, gera-se uma pressão interna. Nessa temperatura inferior a 90 °C não há evaporação da água e, portanto, não há vapor. O calor do fogão que se passa à caldeira é o chamado *calor sensível.* Não há mudança de estado da água.

Nota – A dilatação dos gases tende a ser centenas de vezes maior que a dilatação dos sólidos como o aço da caldeira.

Tempo dois

Depois de uma hora e meia, muita coisa mudou. O termômetro indica a temperatura de 112 °C, e o manômetro indica a pressão de 0,6 kgf/cm^2.

Se pudéssemos ver a caldeira por dentro, veríamos que a água está fervendo (borbulhando), parte da água virou vapor, que tenta desesperadamente sair da caldeira, mas a estrutura de aço não permite e, com isso, foi gerada mais pressão interna que o manômetro indica. Esse vapor nessas condições de coexistir água e vapor chama-se vapor saturado.

Nota – Esse vapor saturado é o vapor usado no dia a dia das caldeiras de aquecimento, que são as caldeiras objetivo deste livro.

Tempo três

Passou-se desde o início, digamos, cerca de três horas; mais água se transformou em vapor (agora tem pouca água e muito vapor), mas como a grande quantidade de vapor não tem como sair ou se expandir, de vingança, aumenta ainda mais a pressão que já está próxima da tensão-limite da estrutura de aço do tanque. No dia a dia do operador de caldeiras, esse vapor é continuamente produzido e transportado pelas linhas de vapor até os pontos de utilização. Nos pontos de utilização, depois do calor saturado ter seu calor em boa parte retirado, ele se transforma em água quente o se chama "condensado" e volta pelas linhas de condensado para um tanque de acumulação (sem pressão), chamado tanque de condensado e, daí, é bombeado de volta para a caldeira para ser outra vez aquecido e transformado em vapor (sistema fechado).

Assim, temos linhas de vapor indo da caldeira até os pontos de uso e linhas de condensado (água quente e restos de vapor) voltando dos pontos de uso para reingresso na caldeira de origem.

Em termos de vapor saturado, objetivo das caldeiras de aquecimento, o circuito terminou. Todavia, vamos admitir que o aquecimento da caldeira continua (digamos um erro operacional).

Tempo quatro

Passaram-se, desde o início, mais de quatro horas, e toda a água virou vapor, que está subindo de temperatura e de pressão, pois não há mais água para esquentar. Esse vapor produzido em ambiente sem água chama-se *vapor superaquecido* e é usado em sistemas industriais especiais para movimentar eixos de equipamentos.

Com o aumento da temperatura do vapor, aumenta sua vontade de se expandir, e como não há espaço, o jeito é aumentar ainda mais a pressão interna.

Tempo cinco

Passaram-se, desde o início, mais de quatro horas e meia e a pressão do vapor subiu mais ainda. Como esse tanque (caldeira) não tinha sido previsto para essa pressão, a caldeira explode como uma granada, lançando fragmentos com altas velocidades para todos os lados. Se estiver alguém próximo, poderá morrer pelos estilhaços dessa verdadeira granada (o vapor tem 10% do poder de explosão da pólvora).

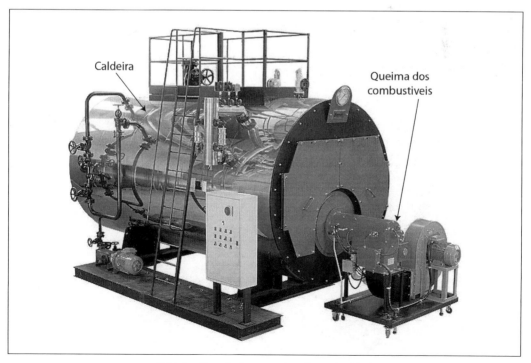

Caldeira alimentada por queima de combustível

Felizmente, isso não costuma acontecer, pois temos:
- o operador que, por manobra de equipamentos, impede o aumento da temperatura e o consequente aumento da pressão;
- equipamentos automáticos que fazem o mesmo que o operador faria (válvula de segurança).

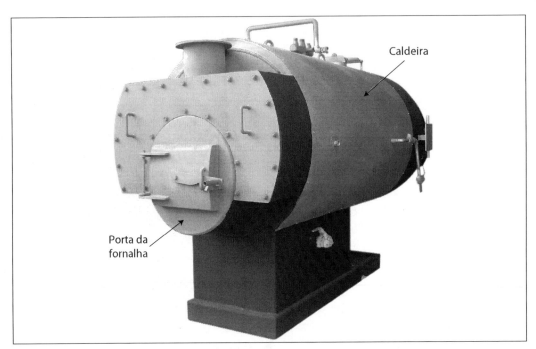

Caldeira alimentada com lenha

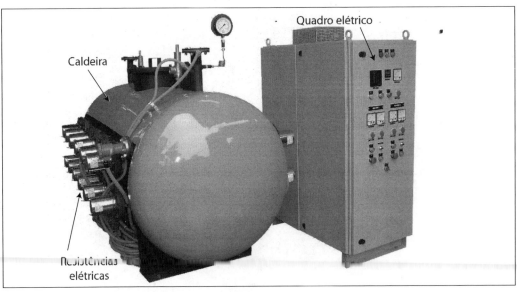

Caldeira elétrica

O misterioso vapor. Vamos entendê-lo

Seja uma quantidade de água que colocamos para ferver numa simples panela (tanque metálico aberto sem pressão).

Ligado o fogo (queima de gás, queima de lenha etc.), depois de um certo tempo, a água começa a ferver (ela está a 100 °C) e a evaporar. Vê-se isso pelo borbulhamento da água e a saída de uma névoa branca.

A água está saindo do estado líquido e passando para o estado gasoso, e nesse estado ela se chama de vapor.

Atenção: **o vapor é invisível ao olho humano**. A névoa branca que se vê e que o leigo chama de vapor, na verdade, é a condensação do vapor, face ao encontro da umidade do ar que está em volta. A névoa branca é formada por gotículas do líquido água que estava na chamada umidade do ambiente.

Contamos a história do vapor em temperatura superior a 100 °C. Essa é a chamada *evaporação enérgica*, que, para isso, usa muito calor em pequena quantidade no líquido água. Há um outro tipo de vaporização que podemos chamar de *vaporização lenta* e sem a mesma concentração de calor em pouca água. É a vaporização dos oceanos e lagos que pega a água desses grandes corpos de água e lentamente a transforma em vapor, à temperatura ambiente. Em dias frios, pode-se ver em lagos uma bruma saindo da água. É uma condensação de umidade do ambiente. Assim, até a fumaça do vapor é vista, sem a vaporização enérgica. O vapor assim formado sobe e forma as nuvens, que depois se condensam e caem sobre a terra em forma de chuvas. Um prato com água fica seco depois de algumas horas face a essa evaporação lenta. A água do prato vira vapor incorporando-se à umidade do ar.

Tipos de vapores

Conheçamos mais sobre os vapores produzidos nas caldeiras (vaporização enérgica):

Vapor saturado

É o vapor produzido pelas caldeiras comuns (de aquecimento) onde existe permanentemente água em ebulição e esse vapor provém da camada mais próxima da superfície do líquido dentro da caldeira.

Sua temperatura é da ordem da temperatura dentro da caldeira, ou seja, algo como 150 °C. O vapor saturado indo para as linhas de vapor sempre arrasta um pouco de água (gotículas) proveniente da condensação desse vapor face aos esfriamentos que sempre ocorrem.

Enquanto houver água na caldeira (situação absolutamente necessária nas caldeiras comuns, objeto deste livro), o vapor produzido chama-se vapor saturado. **O vapor saturado é a grande figura deste livro** e a caldeira movida pela queima de combustível é a sua geradora. Caldeiras alimentadas por eletricidade são semelhantes.

Vapor seco

Vapor saturado mas com pouca umidade, umidade essa retirada por pequenos equipamentos chamados de purgadores.

Vapor úmido

É o vapor saturado com muita água. É um vapor pobre, com baixa capacidade de cessão de calor. Esse vapor acontece em linhas de vapor com deficiência e vai-se condensando face a, por exemplo, falhas de isolação térmica. O vapor, antes de chegar ao seu destino, já vai virando água quente. Um sistema ainda frio de vapor (caldeira fria e linhas de vapor frios, por não terem tido utilização) tem no início do seu trabalho vapor úmido, pois o vapor gerado encontra a linha de vapor fria e vai-se condensando.

Vapor superaquecido

É o vapor saturado que sofreu mais aquecimento, e as gotículas de água existente viraram vapor. O vapor superaquecido não acontece nas caldeiras comuns de aquecimento, caldeiras essas que são as que nos interessam. O vapor superaquecido é produzido em supercaldeiras. Ele é usado para girar eixos, turbinas etc.

As faixas de utilização dos vapores são:

Quadro de utilização de vapor		
Vapor	**Uso mais comum**	**Faixa de temperatura**
Saturado	Aquecimento	110 a 200 °C
Superaquecido	Acionamento de equipamentos	200 a 500 °C

Nota histórica – Algumas velhas locomotivas a vapor usavam, às vezes, vapor saturado e outras locomotivas usavam, às vezes, vapor superaquecido para acionar seus eixos.

O famoso navio a vapor Titanic tinha vinte e quatro caldeiras queimando carvão, o grande combustível da Europa e do mundo no início do século XX. Suas caldeiras tinham pressão de 215 psi e o consumo de carvão era da ordem de 825 t/dia.

Nota – Há o interesse em processos de esterilização (por exemplo, lavagem e esterilização de roupas em hospitais) em trabalhar com o vapor saturado o mais seco possível, pois, assim, as ações de esterilização são mais eficientes.

Para se ter vapor saturado seco é necessário ter:

- linhas de vapor muito bem isoladas termicamente;
- ter purgadores de condensado ao longo das linhas, expurgando, assim, os condensados que se formarem. Esses condensados são expulsos pelos purgadores das linhas de vapor e podem retornar como condensado (água quente) para a caldeira, já que é água limpa e aquecida.

Os conceitos de:

- vapor preso,
- vapor vivo, e
- vapor reevaporado (*flash*)

serão vistos no item de Recuperação do condensado, no Capítulo 11.

Página para anotações

Entendendo, com mais detalhes, o funcionamento de uma caldeira – Tabela de vapor saturado – Flieger-Mollier – O mistério das três caldeiras

Seja um tanque de aço totalmente fechado, com água pela metade, e o resto, com ar e submetido a aquecimento. O tanque tem manômetro e termômetro, para que possamos acompanhar a evolução do fenômeno. Esse sistema começa a ser aquecido, seja pela queima de combustível, seja pelo aquecimento elétrico.

Há, nas caldeiras, uma relação matemática implacável entre pressão e temperatura e a quantidade de calor cedido pela fonte de calor a uma caldeira suposta inicialmente fria (zero graus centesimais). A caldeira começa a ser esquentada e vejamos a relação entre temperatura, pressão e quantidades de calor. Isso tudo é dado na tabela a seguir (Tabela de Flieger – Mollier). Criamos uma historieta para explicar o assunto.

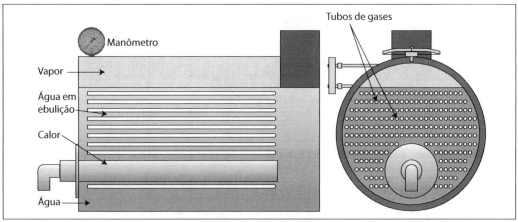

Esquema básico de caldeira fogotubular

Operação de caldeiras – gerenciamento, controle e manutenção

Tabela de vapor saturado – Tabela de Flieger modificada por Mollier

Pressão relativa kgf/cm² (*)	Pressão absoluta kgf/cm²	Temperatura °C	Calor sensível kcal/kg	Calor latente kcal/kg	Calor total kcal/kg	Volume específico m³/kgf
0	1,0	99,1	99,1	539,4	638,5	1.705
0,1	1,1	101,8	101,8	537,6	639,4	1.587
0,2	1,2	104,2	104,3	536,0	640,3	1.455
0,3	1,3	106,6	106,7	543,5	641,2	1.350
0,4	1,4	108,7	108,9	533,1	642,0	1.259
0,5	1,5	110,8	110,9	531,9	642,8	1.180
0,6	1,6	112,7	112,9	530,6	643,5	1.111
0,8	1,8	116,3	116,5	528,2	644,7	0,995
1,0	2,0	119,6	119,9	525,9	645,8	0,902
1,2	2,2	122,5	123,5	524,0	646,9	0,826
1,4	2,4	125,5	125,8	522,1	648,0	0,7616
1,6	2,6	128,1	128,5	520,4	649,1	0,7066
1,8	2,8	130,5	131,0	518,7	650,2	0,6592
2,0	3,0	132,9	133,4	516,9	650,3	0,6166
2,2	3,2	135,1	135,7	515,8	651,0	0,5817
2,4	3,4	137,2	137,8	514,3	651,7	0,5495
2,6	3,6	139,2	139,9	512,8	652,4	0,5206
2,8	3,8	141,1	141,8	511,3	653,1	0,4951
3,0	4,0	142,9	143,6	509,8	653,4	0,4706
3,5	4,5	147,2	148,1	506,7	654,6	0,4224
4,0	5,0	151,1	152,1	503,7	655,8	0,3816
4,5	5,5	154,7	155,9	501,2	656,8	0,3497
5,0	6,0	158,1	159,3	498,5	657,8	0,3213
5,5	6,5	161,2	162,7	496,1	658,6	0,2987
6,0	7,0	164,2	165,6	493,8	659,4	0,2778
6,5	7,5	167,0	168,7	491,6	650,1	0,2609
7,0	8,0	169,6	171,3	489,5	650,8	0,2448
7,5	8,5	172,1	174,0	487,5	661,4	0,2317
8,0	9,0	174,5	176,4	485,6	662,0	0,2189
8,5	9,5	176,8	179,0	483,7	662,5	0,2085
9,0	10,0	179,0	181,2	481,8	663,0	0,1981
10	11,0	183,2	185,6	478,3	663,9	0,1808
11	12,0	187,1	189,7	475,0	664,7	0,1664
12	13,0	190,7	193,5	471,9	665,4	0,1641
13	14,0	194,1	197,1	468,9	666,0	0,1435
14	15,0	197,4	200,6	466,0	666,6	0,1343
15	16,0	200,4	203,9	463,2	667,1	0,1262

(*) É a medida nos manômetros das caldeiras.

O mistério das três caldeiras

Para entender mesmo a tabela de vapor saturado, imaginemos três caldeiras (A, B, e C) diferentes uma a uma e que:

- o ambiente e as caldeiras estejam inicialmente (tempo zero) com temperatura de 0 °C;
- as três caldeiras sejam totalmente isoladas termicamente (condição ideal não possível de acontecer na prática pois sempre há perda térmica no corpo da caldeira);
- as tubulações de vapor estejam fechadas, ou seja, não há saída de vapor das caldeiras.

As três caldeiras foram agora postas para funcionar (se aquecer).

Decorrem diferentes tempos, lembrando que as três caldeiras são diferentes entre si, com diferentes tipos e valores de aquecimento. A única coisa em comum é que elas estavam inicialmente a 0 °C.

Vamos à caldeira A e medimos sua pressão interna do vapor. Deu a pressão manométrica de 1,4 kgf/cm^2.

Podemos garantir que, sem medir a temperatura do vapor, sendo a pressão nessa caldeira de 1,4 kgf/cm^2, a temperatura é de aproximadamente 125,5 °C, o calor sensível transmitido pelo sistema de aquecimento no período foi de 125,5 kcal por quilo de água e vapor dentro da caldeira, o calor latente transmitido pelo sistema de aquecimento é de 522,1 kcal por quilo de vapor + água e o vapor está com o volume específico de 0,716 m^3 por quilo desse vapor; ou seja, um quilo de vapor está contido em 0,716 m^3.

Vamos agora à caldeira B. A medida da temperatura de seu vapor é de 161,2 °C. Podemos garantir que a pressão interna é de 5,5 kgf/cm^2, e os dados de calor e volume específico são os que estão na linha dessa temperatura.

Vamos agora à caldeira C e descobrimos que, indo contra todas as orientações, a válvula de saída do vapor ficou aberta. Medimos, por algum método, o volume específico do vapor e deu 0,2669 m^3/kg. Podemos garantir que então a pressão interna é 6,5 kgf/cm^2 e a temperatura interna é de 167 °C. Como a válvula ficou aberta, nada podemos dizer quanto ao aspecto do calor absorvido pela caldeira até chegar a esta temperatura.

Caldeira A

Caldeira B

Caldeira C

Página para anotações

Tipos de caldeiras

Vejamos divisões de tipos de caldeiras.

Formato

As caldeiras podem ter eixo horizontal (as mais comuns) ou eixo vertical (as menos comuns e, na maior partes das vezes, as de menor tamanho).

Caldeira horizontal

Caldeira vertical

Tipos e relação de gases e água da caldeira

As caldeiras de aquecimento por queima de combustível podem ser de dois tipos quanto à sua disposição interna e tipo de funcionamento. Vejamos:

Caldeira do tipo fogotubular (também chamadas de flamatubular ou flamotubular)

Nesse tipo de caldeira, os gases quentes circulam dentro de tubos envolvidos pela água existente dentro da caldeira. São as caldeiras de aquecimento mais comuns e as que servem hospitais, hotéis, lavanderias, indústria alimentícia, recauchutadoras de pneus etc.

Caldeira do tipo aguatubular (também chamada de acquatubular ou aquotubular)

A água circula dentro de serpentinas e é envolvida pelos gases quentes provenientes da queima do combustível e, com isso, esquentando-a e gerando vapor. Os tubos são em grande quantidade e pequeno diâmetro.

A pergunta sobre como escolher entre os dois tipos de caldeira tem as seguintes respostas:

- definida pelo cliente a capacidade da caldeira, cabe aos fabricantes fazer propostas mais baratas para atenderem ao pedido. As caldeiras fogotubulares são normalmente preferidas para atender a faixa 500 a 5.000 kg/h de vapor. Um fabricante pode propor, mesmo para essa faixa de capacidade, uma caldeira aguatubular, mas, provavelmente, seu preço de fabricação será maior e, portanto, essa opção será pouco interessante para o fabricante;
- há fabricantes que decididamente, por padronização de produção, não fabricam caldeiras aguatubulares e sempre oferecem caldeiras fogotubulares, qualquer que seja a capacidade solicitada pelo cliente. Do ponto de vista operacional, que é o que nos interessa, os dois tipos de caldeira funcionam semelhantemente.

Nota – NR 13, norma oficial de uso de caldeiras, por ser bem geral, nem fala dos dois tipos de caldeira de vapor saturado.

- a caldeira aguatubular exige cuidados maiores no tratamento da água que a caldeira fogotubular. O especialista de tratamento de água deve indicar em cada caso os cuidados específicos;
- segundo depoimentos de fabricantes de caldeiras, mais de 90% das caldeiras em fabricação no país são fogotubulares.

Nota – A panela de pressão, apesar de ser uma minicaldeira, não se enquadra em nenhum caso, pois não tem tubos internos nem serpentinas.

Pressão

As caldeiras podem ser divididas quanto à pressão de trabalho. Vejamos:

Tabela de pressão de caldeiras			
Caldeiras quanto à pressão	Pressão kgf/cm²	Expressão da pressão em m H_2O	psi (*pound per square inch*) libra por pol²
Muito baixa pressão	Até 6,9	< 69	< 100
Baixa pressão	6,9 até 14	69 a 140	100 a 200
Média pressão	14 a 48	140 a 480	200 a 700
Alta pressão	48 a 100	480 a 1000	700 a 1.500
Muito alta pressão	Mais de 100	Mais de 1.000	> 1.500

Recordando:

$$1 \text{ kgf/cm}^2 = 14,5 \text{ psi}$$

Classificação das caldeiras segundo a NR 13:

Tabela de categorias de caldeiras		
Categoria A	Categoria C	Categoria B
Pressão interna maior que 19,98 kgf/cm²	Pressão interna menor 5,99 kgf/cm² e volume menor que 100 litros	As caldeiras que não se enquadram nos dois casos anteriores são as caldeiras mais comuns.

Este livro refere-se às caldeiras do tipo B. Notar que a NR 13 não cita nem se preocupa em dizer nada sobre a divisão caldeiras fogotubular ou aguatubular. Essa divisão de tipos de caldeira é mais um assunto de projeto e construção de caldeiras do que um assunto do operador.

Lembrar:

Tabela de conversão de pressão					
bar	kgf/cm²	psi	mm Hg	m H_2O	kPa (kN/m²)
1	1,019	14,50	750,062	10,19	100

Nota – A literatura americana fala em psig, que, na prática, é a pressão medida no manômetro, ou seja, a pressão que nos interessa (pressão relativa).

Capacidade

Para uma mesma pressão de trabalho (por exemplo, 8 kgf/cm², que é 80 m de coluna de água), os fabricantes podem produzir caldeiras menores e maiores em termos de capacidade de produzir vapor. É uma questão de tamanho do cilindro, capacidade de alimentação de combustível e capacidade da fornalha. Um fabricante produz caldeiras geometricamente semelhantes (proporcionais) e que produzem em termos de vapor: as pequenas 300 kg/h e as maiores 3.000 kg/h. Volta o exemplo da semelhança das caldeiras com os fogões. Há fogões de uma boca e fogões industriais de seis bocas. Todos eles fervem água e fritam ovos.

Vejamos um exemplo de descrição técnica de uma caldeira:

Modelo											
		Unidade	300	450	600	800	1.000	1.500	2.000	2.500	3.000
Produção de vapor	20 °C	kg/h	300	450	600	800	1.000	1.500	2.000	2.500	3.000
Com água	80 °C	kg/h	330	495	660	880	1.100	1.650	2.200	2.750	3.300
Potência térmica	(x1.000)	kcal/h	200	289	386	514	642	963	1.284	1.605	1.926
Consumos	GLP	kg/h	18,19	26,26	35,01	46,69	58,36	87,54	116,73	145,91	175,1
	Natural	m³/h	21,0	30,41	40,54	54,06	67,57	101,36	135,15	168,95	202,74
	Óleo Diesel	kg/h	21,0	30,41	40,54	54,06	67,57	101,36	135,15	168,95	202,74
	Óleo BPF	kg/h	-	-	-	-	71,03	107,00	142,67	178,33	214,00
Superf. de aquecimento		m²	12,4	14,51	19,35	25,80	32,25	48,38	62	77	90
Pressão	Trabalho	kgf/cm²	8	8	8	8	8	8	8	8	8
	Teste	kgf/cm²	12	12	12	12	12	12	12	12	12
Entrada de água		Pol	3/4	3/4	3/4	1	1	1	1	1	1
Saída de vapor		Pol	2	2	2	2 1/2	3	4	4	4	5
Dreno		Pol	1 1/2	1 1/2	1 1/2	1 1/2	1 1/2	1 1/2	2	2	2
Peso		kg	1.700	2.600	3.400	4.600	5.800	6.500	8.000	9.500	10.500
Válvula de segurança	(02) pçs	Pol	1	1 1/4	1 1/4	1 1/4	1 1/4	1 1/4	2	2	2
Alimentação da rede de combustível	GLP	Pol	1/2	3/4	3/4	1	1	1 1/2	1 1/2	1 1/2	1 1/2
	Natural	Pol	1/2	3/4	3/4	1	1	1 1/2	1 1/2	1 1/2	1 1/2
	Óleo Diesel	Pol	1/2	1/2	1/2	1/2	1/2	1/2	1/2	1/2	1/2
	Óleo BPF	Pol	-	-	-	-	1/2	1/2	3/4	3/4	3/4
Dimensões	A	mm	1.850	1.850	1.970	2.030	2.210	2.350	2.450	2.500	2.600
	B	mm	1.500	1.500	1.530	1.615	1.760	1.940	1.950	2.000	2.100
	C	mm	3.430	3.930	3.930	4.930	4.940	5.120	5.100	5.350	6.200
	D	mm	1.145	1.145	1.275	1.340	1.520	1.670	2.050	2.100	2.200
	E	mm	1.180	1.680	1.680	2.280	2.290	2.470	3.350	3.600	4.400
	F	mm	325	325	375	425	425	470	500	600	600

Tipo de combustível

A caldeira pode ter vários tipos de combustíveis, mas lembremos que a única coisa que interessa à caldeira, quanto ao combustível, é a quantidade de calor que ela recebe, e medido em calorias. Cedido o combustível, pouca coisa interfere no funcionamento da caldeira depois.

Os principais combustíveis são, como já vistos:
- madeira, cavaco, borra de café, cascas de cereais, serragem, bagaço de cana[*] etc.;
- gás GLP ou gás natural;
- óleo combustível, diesel ou BPF;

Nas caldeiras elétricas (muito usadas no passado em pequenos hotéis, hospitais e indústrias) não há combustível, sendo o aquecimento feito a partir da passagem da corrente elétrica e consequente liberação de calor.

Grau de automatismo

Hoje, as caldeiras são totalmente automáticas, só se fazendo operações manuais:
- na partida da caldeira;
- na descarga de lama do fundo (extração do fundo) via abertura de válvulas, embora já exista no mercado caldeiras com esse comando automatizado.

Importante:
1. Numa instalação estão instaladas duas caldeiras iguais. Como usá-las?

    Se uma caldeira só atende aos usos (mantém a pressão de trabalho), ela deve atuar sozinha e a outra caldeira fica na espera e, portanto, desligada e fria.

    Se o consumo da instalação (digamos uma recauchutadora) exige mais do que uma caldeira pode dar (a pressão da caldeira não se mantém no valor previsto e cai), está na hora de ligar a outra caldeira na mesma linha de serviço (ligação chamada do tipo paralelo).

    Só se deve ligar uma segunda caldeira num circuito de vapor se a pressão da segunda caldeira for próxima da pressão de trabalho da linha de vapor.

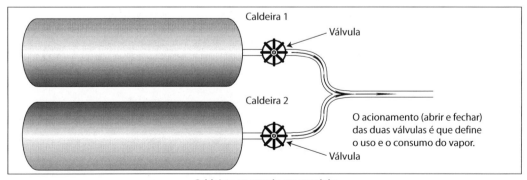

Caldeiras operando em paralelo

---

[*] Ainda muito fabricado nos dias de hoje.

2. Quadro didático, resumo

Quadro de tipos de caldeiras		
Itens	Fogotubular	Aguatubular
Tipo de vapor produzido	Vapor saturado	Vapor superaquecido
Temperatura do vapor	150 °C	400 °C
Uso do vapor	Aquecimento	Acionamento de eixos
Combustível	Madeira, óleos e gases	Madeira, óleos e gases
Capacidade de produzir vapor	De 100 a 5.000 kg/h	Mais que 5.000 kg/h

O quadro é sumário. Pode haver situações específicas.

Caldeiras elétricas hoje atendem à faixa de produção de 15 a 1.500 kg/h de vapor.

Caldeiras elétricas

Chamamos de caldeiras elétricas as que transformam água no estado líquido para o estado gasoso (vapor) usando exclusivamente a corrente elétrica como fonte de calor. As caldeiras elétricas não queimam, pois, combustíveis.

Pequenos hospitais, hotéis e pequenas indústrias optam pelas caldeiras elétricas, pois:

- têm menor custo de compra e instalação;
- ocupam menos espaço;
- não precisam estocar combustíveis, pois a fonte energética (eletricidade) vem pelos cabos.

A desvantagem das caldeiras elétricas é o alto custo atual da energia elétrica. Lembremos que, por razões de economia global, o óleo diesel e o gás GLP são hoje fortemente subsidiados.

O funcionamento das caldeiras elétricas é baseado na passagem de corrente elétrica em resistência imersa na água da caldeira e, por efeito térmico, (efeito Joule) a água da caldeira se aquece e forma o vapor.

As caldeiras elétricas existem no mercado fornecedor brasileiro na faixa de produção de vapor de 15 kg/h a 1.500 kg/h.

As caldeiras elétricas só produzem vapor saturado.

No restante, as caldeiras elétricas funcionam semelhantemente às outras caldeiras com queima de combustível.

As caldeiras elétricas têm bomba de recirculação de água quente, para evitar o surgimento de áreas mortas, fato que não ocorre com as caldeiras de queima de combustível.

No excelente livro *Instrumentação aplicada ao controle de caldeiras*, o autor Egídio de Alberto Braga apresenta as vantagens do uso de caldeiras elétricas:
- ausência de produtos resultantes da combustão;
- custo zero de manuseio de matéria-prima;
- alto rendimento (95 a 99,5%);
- alto grau de automação.

Um esquema de caldeira elétrica é o seguinte:

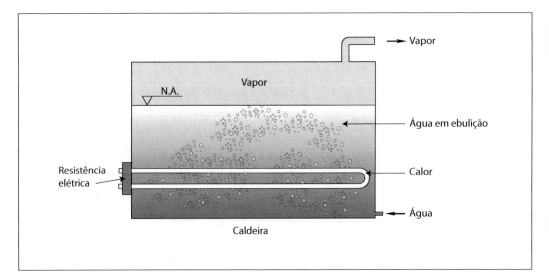

Esquema de caldeira elétrica

As características elétricas de um tipo dessas caldeira são mostradas sumariamente a seguir:

Tabela de tipos de caldeiras elétricas				
Produção de vapor	20 kg/h	60 kg/h	300 kg/h	1.500 kg/h
Trifásico 220 V	30 A	90 A	480 A	não usar
Trifásico 380 V	20 A	65 A	360 A	1.800 A
Trifásico 440 V	15 A	45 A	240 A	1.200 A

No passado, quando o preço da eletricidade era menor comparativamente ao custo de outras alternativas energéticas, usavam-se enormes caldeiras elétricas. Seu Chiquinho, velho operador, contou que chegou a operar uma caldeira elétrica vertical de 50 t vapor por hora que atendia a uma enorme tecelagem (anos 60 e 70). Com o aumento do preço da eletricidade, a caldeira foi abandonada e sucateada.

No livro *Instalações hidráulicas*, de Archibald J. Macyntyre, existe a seguinte relação entre produção de vapor e potência elétrica:

Pressão de trabalho: 10,54 kg/cm²	
Produção de vapor kg/h	Potência instalada kW
1.000	670
2.000	1.400
5.000	3.400
10.000	6.700
20.000	13.400

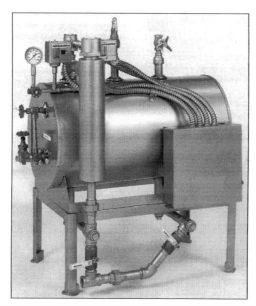

Caldeira elétrica

Página para anotações

Os queimadores e os combustíveis mais comuns

A caldeira cria o vapor a partir da água, usando o calor liberado pela queima de combustíveis. A única caldeira sem combustível é a caldeira elétrica que usa a passagem de corrente elétrica para aquecer a água, transformando-a em vapor.

Voltemos às caldeiras que queimam combustíveis líquidos (óleo), gasosos (gás GLP ou gás natural, por exemplo) ou combustíveis sólidos (madeira, bagaço de cana etc.).

Para queimar os combustíveis, usamos o equipamento chamado de queimador, que vem junto com a caldeira. Ei-lo:

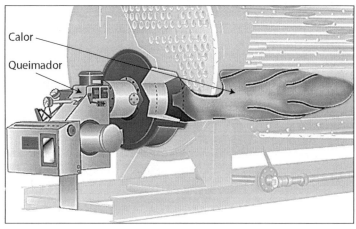

Queimador

Os gases quentes provenientes da queima do combustível no queimador, depois de passarem pela água e a transformarem em vapor, são expelidos pela caldeira.

60   Operação de caldeiras – gerenciamento, controle e manutenção

Um termômetro na saída dos gases queimados é um elemento de controle e pode indicar se a combustão (queima) está ideal ou não.

A cor da chama da combustão também é um indicador. Verifique a cor esperada no manual do fabricante. A cor da chama, no caso de GLP, é uma cor amarela, sem centelhamento (sem faísca). Na inspeção anual, o queimador deve ser verificado, pois ele pode se sujar e desregular-se.

O queimador é composto normalmente de:

- acendedor (elétrico);
- insuflador de ar que antecede por comando automático a ocorrência da centelha. A insuflação prévia de ar é para afastar gases não queimados eventualmente, existentes dentro da caldeira e que podem até explodir;
- insuflador de ar para melhorar a queima de gases combustíveis;
- insuflação de ar após o desligamento da chama para afastar os possíveis gases combustíveis não queimados.

Tudo isso é feito hoje em dia de maneira automática, ou seja, é uma série programada de procedimentos que o queimador obedece.

Observações complementares:

1. Em fogões a gás de GLP não há insuflação de ar, mas nos velhos fogões, a lenha, ao abanar do fogo, equivale à ação de insuflamento de ar. A divisão da saída do gás no bico dos fogões em mais de quarenta orifícios é para melhorar a mistura gás-ar.

2. Nos fogões, existe controle de adição (três posições do controlador de entrada) de gás, gerando maior ou menor liberação de calor. No queimador da caldeira também existe regulagem de um ou dois pontos de intensidade de liberação de calor.

3. Características dos combustíveis

   GLP (gás liquefeito de petróleo) – fornecido a partir de reservatórios (torpedos) sai e chega ao queimador com pressão de 0,2 m a 0,5 m de coluna de água. É um dos combustíveis mais baratos.

   Óleo (diesel, óleo combustível, BPF) – tem problemas de poluição atmosférica, mas, às vezes, é o único combustível existente na região. O óleo BPF (baixo ponto de fusão) é um óleo de sobra, de péssima qualidade e tende a ser cada vez menos usado. O problema é que ele é produzido obrigatoriamente e tem de ser disposto de alguma maneira.

   Lenha – só é usada em regiões distantes e sem maiores recursos, embora muitas cidades de porte pequeno para médio tenham usinas termoelétricas a partir de caldeiras acionadas por queima de madeira.

   Gás natural – tende a ser muito usado. É muito econômico.

   Bagaço – a produção de cana gera enormes quantidades de bagaço de cana que tem de ser disposto. Sua utilização como combustível, acionando caldeiras, e o

Os queimadores e os combustíveis mais comuns **61**

vapor superaquecido alimentando turbinas e, com isso, gerando energia elétrica, é imenso e fundamental para viabilizar o uso da cana.

4. Os combustíveis sólidos têm problema de estocagem, movimentação e dosagem. A explicação do seu uso é o fato real de eles existirem junto às caldeiras, como é o caso do bagaço de cana que, se não usado, poderia ter um custo adicional de disposição. Às vezes, o uso do combustível sólido é a dificuldade de existência de outro combustível na região, como, por exemplo, um hotel dentro da Mata Amazônica.

   Outros produtos sólidos, como restos vegetais e até lixo urbano, podem ser usados em situações específicas.

5. Analisemos o sistema de queima de combustíveis de uma caldeira a gás.

   Operação automática – isso quer dizer que o sistema é autorregulável; estando baixa a temperatura na caldeira e havendo água na caldeira é criada uma fagulha elétrica que começa a queimar o combustível.

   Suprimento de ar – deve ser total.

   Ignição – chama inicial, pois, com o fogo aceso, ela permanece atuante, funcionando permanentemente. É um acendedor elétrico.

   Pressão mínima de gás. O GLP tem de ser fornecido ao queimador com a pressão mínima de 1.000 mm (1 m) de coluna de água. Entendamos o que quer dizer essa pressão. Com a válvula de alimentação de gás fechada junto ao queimador, a pressão mínima do gás tem de ser a indicada. Aberta a válvula, o gás chega ao queimador com a pressão atmosférica.

   Nota – Questão da insuflação de ar.

   O ar atmosférico é composto por 79% de N_2, 21% de O_2 e alguns outros gases.

6. Um fabricante de caldeiras forneceu as informações principais sobre o queimador que usa no caso de combustível gás natural ou GLP:

   - queimador do tipo mecânico importado;
   - montado em carcaça fundida;
   - com ventoinha (ventilador mecânico);
   - motor elétrico;
   - transformador de ignição;
   - eletrodo de ignição;
   - tubo lança-combustível;
   - válvulas solenoides;
   - borboleta (*damper*) de regulagem de ar;
   - sensor de chama;
   - programador de combustão.

   A maior parte do ar atmosférico é nitrogênio, que é um gás inerte (mais de 70%), e ele nada interfere no processo de combustão, mas absorve calor. Logo, se exagerarmos na ventilação da caldeira, estaremos aquecendo nitrogênio, que nada fará, e será lançado quente na atmosfera.

Logo, a insuflação em excesso de ar atmosférico, ou seja, mais do que o necessário, faz com que percamos calor, ou seja, o queimador regulado por níveis de temperatura fará queimar mais combustível do que seria o necessário. Devemos, portanto, só insuflar mecanicamente o ar estritamente necessário.

7. Na operação da caldeira podemos usar, como um critério auxiliar, a cor do gás resultante da combustão e que sai do exaustor de gases da caldeira.

Gás com cor negra – falta de ar, queima apenas parcial do combustível, gases não queimados jogados na atmosfera.

Gás com cor branca – excesso de ar, desperdício térmico, pois estamos esquentando ar atmosférico sem vantagem térmica.

Gás sem cor, quase invisível – ponto ideal de alimentação de ar.

Claro está que acompanhar a temperatura de saída de gases queimados pelo termômetro de gases é também um critério complementar e muito útil. Como simples referência, a temperatura de saída dos gases queimados deve estar na faixa de 230 °C.

8. Uma importante fábrica de queimadores apresenta as capacidades de seus queimadores:

Tabela de capacidades de queimadores				
Modelo	Potência kW mínima	Potência kW máxima	kcal/h ×1.000 mínima	kcal/h ×1.000 máxima
A	60	170	50	150
B	80	230	65	200
C	115	350	100	300
D	175	520	150	400
E	400	1.700	600	1.700
F	750	2.900	800	2.500
G	1.050	4.070	1.150	3.500

Do catálogo técnico de um fornecedor de queimador para caldeiras vê-se sobre o automatismo de um queimador:

Programador de combustão

Equipamento eletrônico que, por meio de lógica discreta, comanda a sequência de acendimento e a monitoração de chama de caldeiras, executando as seguintes funções:

- detecção de luz estranha ao sistema;
- acionamento automático do ventilador;
- pré e pós-purga (ventilação antes e depois de ligar a chama);
- confirmação de execução de purga;
- sequência de acendimento, desde o acionamento do piloto até a chama principal;

Os queimadores e os combustíveis mais comuns **63**

- detecção de chama;
- sinalização de eventos e falhas;
- outros.

9. Quando se usa, como combustível, o óleo BPF (baixo ponto de fusão), temos que usar o chamado aquecimento indireto. Esse óleo exige preaquecimento antes da queima. Se a caldeira está fria e, portanto, desligada não temos vapor para aquecer esse óleo. Usa-se então o aquecimento elétrico, via uso de resistências. Com o óleo assim aquecido, inicia-se o processo de combustão e consequentemente produção de vapor. Com o vapor produzido, desliga-se a energia elétrica e aquece-se o óleo com o vapor agora existente.

Notas históricas

1. Quando da Primeira Guerra Mundial (1914 a 1918), todos os navios, mercantes ou de guerra, eram acionados por caldeiras alimentadas por carvão. Face a isso, a autonomia dos navios era muito limitada, principalmente para os navios de guerra que não podiam se reabastecer em portos talvez inimigos. O navio tinha de 20 a 30% de sua capacidade de carga usada para transportar carvão para ele próprio. Face a isso, o objetivo dos navios de guerra era de afundar os navios inimigos, mas, antes, era sagrado ficar com a carga de carvão do navio adversário. Com o surgimento dos motores a diesel[*], a carga de combustível, para dar enorme autonomia aos navios, era pequena e, com isso, a capacidade de carga do navio era pouco sacrificada pela estocagem do próprio combustível no navio. Hoje, com a energia nuclear, a autonomia dos navios ficou enormemente aumentada e todo o combustível cabe numa caixa de sapatos.

2. Uma concorrência pública na década de 1960, no Estado de Santa Catarina, para a construção de um hospital, fazia uma incomum exigência: as caldeiras tinham de ser alimentadas por carvão. Explica-se: o hospital era para servir a zona carbonífera desse estado e próximo à cidade de Criciúma.

3. O primeiro submarino atômico (Nautilus) não deixou de usar caldeiras. Essas caldeiras geravam vapor e este movimentava turbinas; com isso, essas turbinas acionavam geradores que geravam eletricidade. A única função do reator atômico era aquecer a água da caldeira. A autonomia do Nautilus era de cerca de 100.000 km.

---

[*] Das caldeiras que queimam óleo combustível.

64 Operação de caldeiras – gerenciamento, controle e manutenção

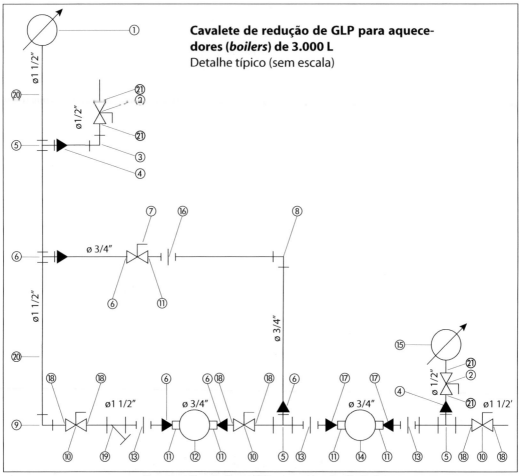

Esquema de redução de GLP para aquecedor (*boiler*)

	Instalação mecânica da central	
Item	Denominação do material	Qt.
1	Manômetro corpo ø3" saída vertical ø1/2" BSP 0-7 kgf/cm² – GLP	01
2	Válvula esfera monobloco latão ø1/2" passagem plena	02
3	Cotovelo de cobre s/anel – ø15 mm	01
4	Luva de redução de latão s/anel – ø42 x 15 mm	02
5	Tê de latão s/anel – ø42 mm	05
6	Luva de redução de latão s/anel – ø42 x 22 mm	02
7	Válvula de esfera monobloco latão ø3/4" passagem plena	01
8	Cotovelo de cobre s/anel – ø22 mm	01
9	Cotovelo de latão s/anel – ø42 mm	02
10	Válvula esfera monobloco latão 1 1/2" passagem plena	04

	Instalação mecânica da central	
Item	Denominação do material	Qt.
11	Conector macho de latão – ø3/4 x 22 mm	06
12	Regulador aliança 76510/2 vermelho – ø3/4"	01
13	União de latão – ø1 1/2"	04
14	Regulador aliança 76510/1 laranja – ø3/4"	01
15	Manômetro corpo ø3" saída vertical ø1/2" BSP 0-1.000 mm/ca – GLP	01
16	União de latão – ø3/4"	01
17	Luva de redução de latão s/anel – ø42 x 22 mm	04
18	Conector macho de latão – ø1 1/2 x 42 mm	08
19	Filtro "Y" – ø1 1/2"	01
20	Luva de cobre s/anel – ø42 mm	02
21	Conector macho de latão – ø1/2 x 15 mm	04

10. Detalhando as linhas e os sistemas de vapor

Vamos estudar o que acontece com o vapor da caldeira até os pontos de uso.

Seja uma caldeira fria (partida) e suas linhas de vapor. Na caldeira chega a água e temos a fornalha onde se queimará o combustível. Com isso, a água da caldeira vai esquentando até alcançar 100 °C e começa o vapor a ser produzido.

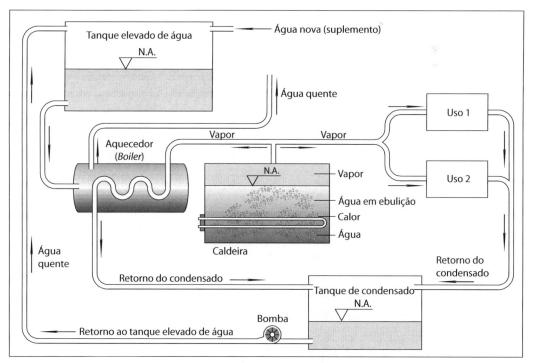

Esquema de sistema de vapor

Como o volume do vapor tenderia a crescer, mas a limitação do espaço o impede, então sobe a pressão dentro da caldeira. Face a isso, começa a sair o vapor da caldeira, via linha de vapor, para atender a um hotel, uma indústria de alimentos, uma recauchutadora de pneus, uma indústria de papel ou outros.

Na linha de vapor (normalmente linha com tubos de aço de 25 mm (1″) a 50 mm (2″)) existem:

- isolamento térmico para tentar diminuir as perdas térmicas. Esse isolamento térmico normalmente é camada de lã de vidro protegida por um revestimento de alumínio;
- válvulas para isolar a linha de vapor da caldeira (parada de vapor);
- válvulas de retenção, para evitar a volta do vapor no caso de uma parada acidental;
- pontos de purga (descarga de água condensada), de retirada de gases e de descarga;
- coletor (*manifold*) que distribui o vapor pelas várias linhas de vapor que vão atender a vários pontos de uso;
- purgadores, para retirar parte do vapor que se condensa.

O vapor indo pela linha de vapor chega ao seu local de uso, que pode ser:

- tanque de água para aquecimento (*boiler*);
- autoclave onde acontece esterilização;
- panelão de cozimento de alimentos etc.

Não existe limitação superior referente a tubulação de vapor. Dependendo da vazão necessária, o diâmetro da tubulação pode ser qualquer um, como, por exemplo, uma tubulação de 25 mm (1″) a 100 mm (4″).

O vapor que não se contaminar perde a maior parte de seu calor e, portanto, se condensa e pode e deve ser reaproveitado. Esse novo produto chama-se **condensado**, e é água quente, na verdade, uma mistura de resto de vapor e água quente. Por economia, o condensado deve voltar para perto da caldeira, por linhas de condensado, para um tanque chamado de tanque de condensado, de onde a mistura é bombeada de volta para a caldeira.

Observações complementares

1. Quando ocorrer a inspeção anual da caldeira, será importante fazer a inspeção também das linhas de vapor . O uso no tratamento de água, para remover o produto $CaCO_3$, pode liberar o gás CO_2, que pode atacar as linhas de vapor.

2. Em cada parada de caldeira, deixando-a sem pressão, entrará nela ar atmosférico e, com isso, o oxigênio do ar atmosférico poderá atacar as suas partes metálicas. (As linhas de vapor e de condensado têm outros elementos que depois serão explicados.)

3. As linhas de vapor e condensado são ou de aço comum, ou cobre ou aço inoxidável. O diâmetro mais comum é de 50 mm (2″).

4. A linha de condensado (na verdade, água quente) deve ter diâmetro compatível com a vazão do condensado, que depende da vazão de vapor, ou seja, o diâmetro da linha de condensado pode ser qualquer um. Essa linha de condensado deve ter isolamento térmico, para evitar perda de calor.

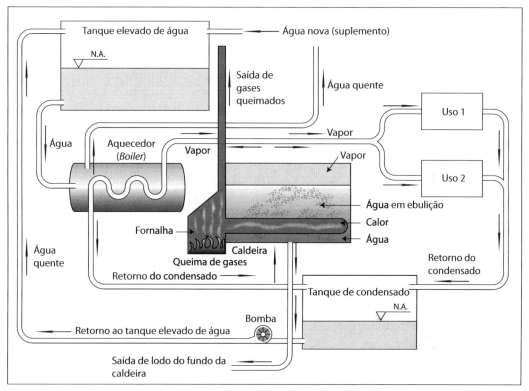

Esquema de sistema de vapor para aquecimento de água

Em capítulos que se seguirão, falaremos das peças da linha de vapor como sejam:
- purgadores (expulsadores) de vapor ou simplesmente purgadores;
- filtros sanitários, que seguram partículas retiradas das partes metálicas em contato com o vapor;
- filtros-tela;
- válvulas de expulsão de ar e de outros gases não condensáveis.

No desenho esquemático que se segue, os pontos das linhas de vapor e da linha de condensado têm letras indicando os trechos. Vamos acompanhar o significado de cada trecho.

5. A linha de condensado (água quente) deve ter também isolamento térmico para uma perda de calor.

Entendamos o significado de cada uma das linhas:

AB alimentação de água fria até o tanque de água quente.

CD o tanque de água quente é abastecido com água fria e vapor, via passagem por uma serpentina.

EF o vapor produzido na caldeira vai até o coletor (manifold), de onde será distribuído para os vários usos (no caso específico três usos).

No uso 1, o vapor não terá contato com o produto em uso e, portanto, não se contamina e volta, via GH, para o tanque de condensado.

Idem uso 2 via GH.

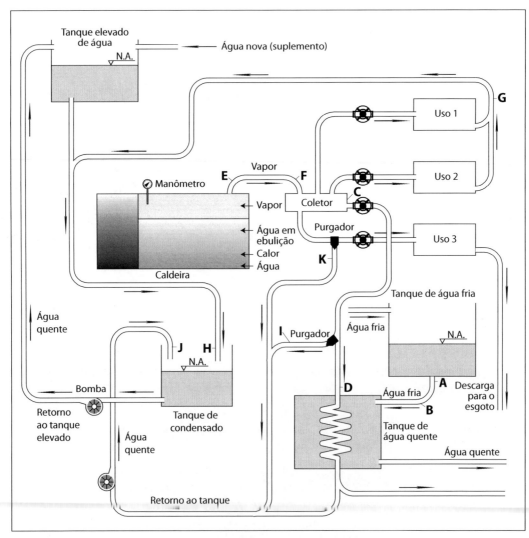

Esquema de sistema de vapor com três utilizadores

No uso 3, o vapor é enviado para autoclave (de esterilização de roupas, de recauchutagem de pneus, por exemplo), tem contato com produtos e se contamina com os produtos em processo, não podendo mais ser usado no retorno da caldeira e, com isso, é descartado para o esgoto (necessitando ser suplementado).

No tanque de condensado chegam os condensados de vapor e os condensados retirados nos purgadores (linhas IJ e KJ).

O condensado retido no tanque de condensado é bombeado para o tanque de água quente e volta, assim, para a caldeira. Como referência, a água quente que chega na caldeira aquecida pelo condensado tem temperatura em volta de 80 °C.

As linhas de vapor e de condensado têm algo muito valioso, que se chama calor, e são envolvidas por lã de vidro como isolante térmico; esse isolante térmico é protegido fisicamente por uma capa de alumínio (que serve também para refletir o calor radiante).

Nota cultural – Aparente paradoxo térmico

Seja uma tonelada de madeira verde. Essa tonelada de madeira é mandada para uma unidade de transformação em carvão. Feito isso, o carvão resultante tem mais ou menos capacidade térmica?

Pode surpreender a alguns, mas a transformação de madeira verde em carvão produz algo com menor capacidade térmica.

Digamos que o carvão resultante tenha apenas 80% da capacidade térmica da madeira verde. Mas o carvão com menor quantidade térmica tem apenas 30% do volume e do peso, facilitando, assim, o transporte e manuseio. Ou seja, o carvão tem uma capacidade térmica específica (calorias por m^3 ou calorias por quilo) muito maior que a madeira verde e por isso que é feita a transformação da madeira para carvão.

Página para anotações

Outros detalhes de linhas de vapor e linhas de condensado de retorno

Nosso projeto padrão de duas caldeiras fogotubulares produtoras de vapor saturado tem as seguintes características nas linhas de vapor e na linha de condensado de retorno.

Das caldeiras A e B saem, de cada uma, linha de vapor de aço galvanizado com 75 mm (3") de diâmetro, com lã de vidro de proteção térmica e capa de alumínio para proteção mecânica (que serve também para refletir o calor radiante).

As linhas de vapor chegam até o chamado coletor distribuidor (nas edificações, seria o barrilhete). Do coletor que faz a redistribuição do vapor saem linhas de vapor para atender aos usuários e que são:

- linha de vapor 50 mm (2");
- linha de vapor 50 mm (2");
- linha de vapor 25 mm (1").

O coletor tem um eliminador de ar de 1/2" e um dreno de 3/4" controlado por válvula esférica.

Há uma linha de condensado de 3/4" com purgador.

O tubo coletor tem 6" e declividade de instalação de 2%.

O tubo que capta o condensado tem 3" no ponto mais baixo do coletor e a saída do condensado é de 3/4", levando o condensado até o purgador.

O tubo de condensado vai com diâmetro de 3/4" e leva o condensado para o tanque de condensado.

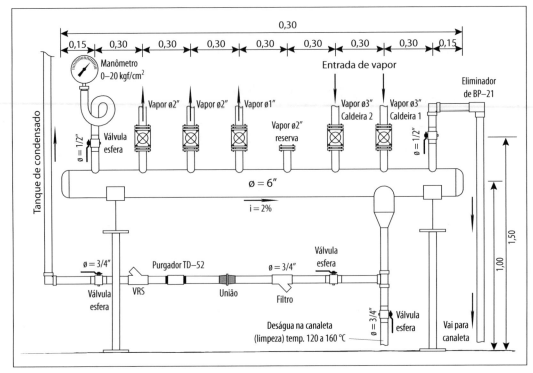

Detalhe do coletor distribuidor de vapor

Nota – O coletor distribuidor é como um painel de controle e comando dos usos do vapor, em geral está montado junto às bases das caldeiras.

Na linha do condensado temos:
- filtro para impedir que partículas metálicas cheguem ao purgador e prejudiquem o mesmo;
- purgador;
- além de válvulas de esfera a montante e jusante do purgador, permitindo seu isolamento da linha.

Distribuição de vapor

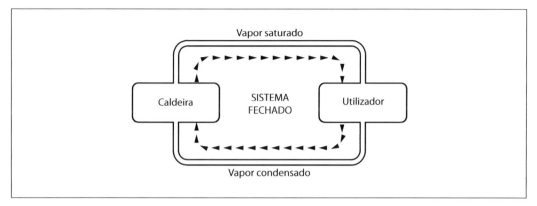

Esquema básico de distribuição de vapor

A finalidade do sistema de distribuição de vapor é enviar vapor com:
- pressão correta;
- temperatura correta;
- quantidade certa;
- sem ar;
- seco.

Para máxima eficiência do sistema, em conformidade com o especificado pelo engenheiro-projetista quando calculou o sistema.

Drenagem

Face que em qualquer sistema de distribuição de vapor saturado existir sempre condensação do vapor, causada pelas perdas por radiação (calor radiante), que deve ser retirada do sistema, para não causar "golpes de aríete", e o condensado misturando-se com o vapor baixar a qualidade do vapor, torna-se necessário drenar o sistema.

Em geral, os pontos de drenagem são instalados de 30 a 50 m ao longo da linha de vapor, sendo que também todos os pontos baixos devem ser drenados, e a tubulação tem inclinação para que o condensado se acumule nos "pontos de drenagem", facilitando a drenagem.

Ar

Em caldeiras de utilização intermitente, é muito comum a entrada de ar na caldeira, pelas flanges, conexões, hastes de válvulas etc.

Ao partir a caldeira, esse ar deve ser diminuído, de forma que o vapor produzido não contenha ar.

Separadores

Os separadores são utilizados para que a caldeira forneça vapor saturado seco, principalmente na maioria das instalações industriais, que é uma condição necessária.

No processo de separação, é provocada uma diminuição da velocidade do vapor, através de um maior diâmetro do separador, em relação à tubulação e, em seguida, força-se através de placas, a mudança de direção do fluxo e, consequentemente, a separação das partículas de água, em suspensão no vapor.

Após a separação, o vapor seco passará para os equipamentos utilizadores e o condensado será drenado para fora do sistema, através do purgador.

Em geral, os separadores são instalados em cada um dos ramais secundários de alimentação dos equipamentos, e um separador é instalado logo após a saída das caldeiras e antes das válvulas controladoras de pressão e/ou temperatura (evitar desgaste nas sedes das válvulas por água ou partículas sólidas).

Filtros

Os filtros em "Y" ou "T", quando instalados em tubulações horizontais de vapor, servem como poço coletor de condensado, podendo causar golpes de aríete, reduzindo a filtragem e aumentando a perda de carga.

A seguir, um desenho esquemático de um sistema para redução de água do vapor saturado.

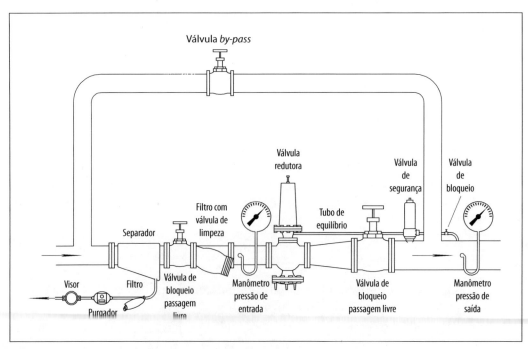

Esquema de sistema de redução de água do vapor saturado

Purgadores

A finalidade do purgador é eliminar o consensado[(*)], sem perda do vapor.

Tipos de purgadores:

- mecânico
- termostáticos
- termodinâmicos
- outros

Os purgadores mecânicos operam através da diferença de densidade da água para o vapor.

Purgadores termostáticos operam através da diferença da temperatura, para tanto, retêm o condensado até que perca calor sensível.

No caso de purgadores termodinâmicos, eles atuam sob o princípio de variação de pressão estática e dinâmica, com relação a velocidade.

Já os outros, praticamente são tipos que não são mais utilizados atualmente, sendo apenas encontrados em sistemas antigos.

Retorno de condensado

No caso de retorno do condensado para a caldeira, são coletadas as saídas de todos os purgadores para uma tubulação de retorno.

No início da operação da caldeira, uma certa quantidade de ar será descarregada pelos purgadores, em seguida teremos uma grande quantidade de condensado frio e, após, com o aquecimento da instalação, haverá diminuição da quantidade de condensado, sendo que, à medida que o condensado se aproxima da temperatura do vapor saturado, surge reevaporação na descarga do purgador.

Recuperação do condensado

Como vimos, se produz vapor para duas finalidades:

1. geração de energia;
2. transportar entalpia (energia e calor).

Em geral, se esquece que quando o vapor libera seu calor latente, tem ainda energia que pode e deve ser utilizada.

Quando o vapor se condensa, a energia transferida ao utilizador é de aproximadamente 75% da energia fornecida pela caldeira, sobra 25% aproximadamente de energia retida no condensado; sendo que este, na maioria das vezes, é água destilada e tratada (água cara, com grande valor agregado), que normalmente é reutilizado através da devolução ao desaerador, ao tanque de abastecimento da caldeira ou a reutilização no processo (instalações industriais).

[(*)] Água quente.

O condensado é descarregado pelos purgadores com a pressão alta alterada para pressão menor, sendo que parte do calor contido provoca a reevaporação de parte do condensado, chamado de vapor reevaporado (*flash*).

Em geral, na linha da tubulação existe uma inclinação na proporção de 1/70, para facilitar que a água condensada atinja o purgador, e é cerca de 10% o volume de vapor condensado que se transformará em vapor reevaporado (*flash*).

Nota – Quando acontece um consumo de vapor no utilizador e a pressão da caldeira cai um pouco, parte da água da caldeira torna-se vapor reevaporado, para suprir o vapor que está sendo produzido com o fornecimento de calor do combustível, sendo estes vapores formados, chamados de vapores vivos.

Somente o vapor que é reevaporado após os purgadores é que chama-se vapor reevaporado (*flash*).

Nos sistemas de vapor, o vapor reevaporado é separado do condensado para aproveitamento posterior, tendo como decorrência um aumento da eficiência da caldeira e uma diminuição do consumo de combustível.

Tanque de vapor reevaporado

É comum nos sistemas fechados a existência de um tanque de vapor reevaporado (tanque *flash*), sendo em geral tanque vertical.

O vapor reevaporado é posteriormente utilizado para preaquecimento de produtos, aquecedores de ar, tanque de abastecimento da caldeira etc., aumentando a eficiência termodinâmica do sistema.

Acessórios do sistema de vapor saturado

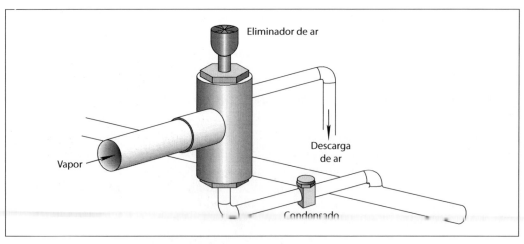

Acessório para eliminação de ar no vapor

Outros detalhes de linhas de vapor e linhas de condensado de retorno 77

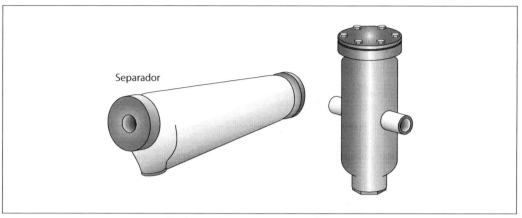

Equipamentos para separar o ar do vapor

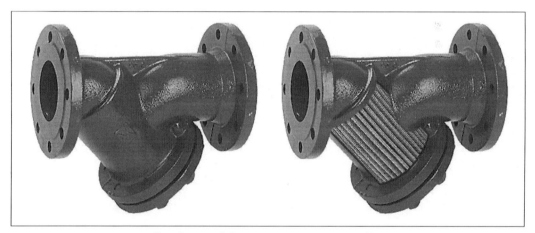

Filtro de vapor; à direita, recorte para mostrar o filtro

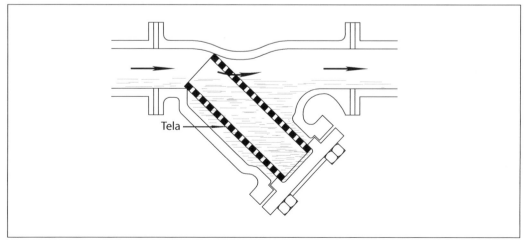

Filtro de vapor, corte

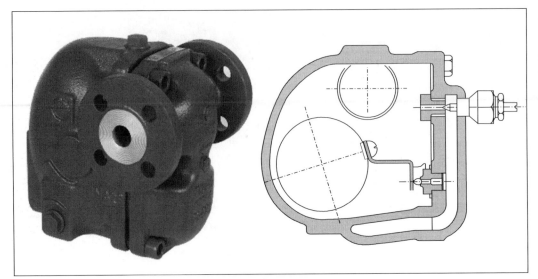

Purgador e corte

Os importantes purgadores

Para entender mesmo um sistema de vapor composto por: caldeira, linha de vapor, usuário do vapor (tira calor da linha de vapor) e linha de retorno do condensado (água quente) para a caldeira via tanque de condensado, temos de reconhecer a função de uma pequena peça mecânica chamada de purgador e que se coloca na linha de vapor. Seja o desenho:

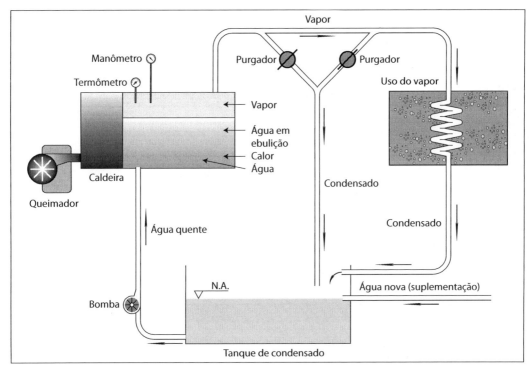

Esquema de um sistema de vapor com purgadores

O vapor, relembremos, é um produto instável, pois está numa temperatura na faixa dos 150 °C (chamado vapor saturado) e o ambiente que cerca o sistema está na faixa de temperatura 15 °C a 40 °C. Assim, o vapor da linha de vapor tende a perder calor para o ambiente, voltando parcialmente a ser água quente. Apesar de todos os nossos esforços (isolamento, por exemplo), em vários pontos da linha de vapor, este se condensa em gotículas de água quente. Além disso, a própria produção de vapor na caldeira, sendo vapor saturado (produzido na presença de água), sempre carrega gotículas de água. Essas gotículas de água quente se acumulam em vários pontos da linha de vapor e causam vários problemas, como, por exemplo, o golpe de aríete (solavancos na linha). Face a isso, devemos fazer o maior esforço para retirar do vapor essas gotículas de água quente. Para isso, usamos uma peça mecânica de funcionamento automático chamada de purgador. O purgador retira pois da linha de vapor gotículas de água quente, ou seja, o condensado. Essa água quente retirada pode (e deve) ser dirigida a uma linha de condensado que volta para a caldeira ou pode ser jogada no esgoto. Seja o esquema:

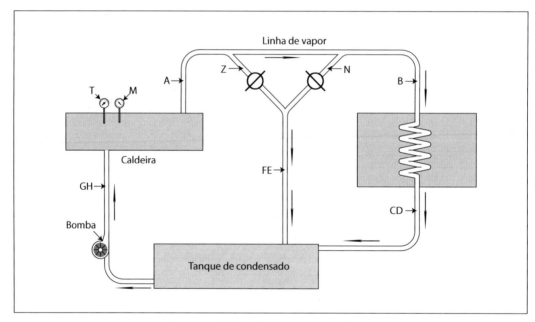

Esquema de linhas de vapor com purgadores

Veja :
- M manômetro T – termômetro
- A saída do vapor B – chegada do vapor para uso
- Z e N purgadores
- FE linha de condensado das purgas (linha de condensado secundário)
- CD linha de condensado principal
- GH retorno de condensado para a caldeira, via bomba

As linhas de vapor, para facilitar a retirada do condensado, devem:
- ter inclinação no sentido do seu sentido;
- deve ter purgadores a cada 40-50 m.

Existem vários tipos de purgadores, um para cada fim. Junto a cada purgador é interessante colocar um filtro para reter pequenas partículas que vêm junto com o vapor.

Os tipos de purgadores são:
- do tipo mecânico;
- do tipo termostático;
- do tipo termodinâmico.

Todos os purgadores são automáticos, não necessitando de acionamento manual.

Além dos purgadores, devemos colocar nas linhas de vapor eliminadores de ar e gases incondensáveis.

Nota – Quando o conjunto caldeiras e linhas de vapor está frio, a condensação de vapor ao longo das linhas é enorme. Aí a função dos purgadores aumenta de importância.

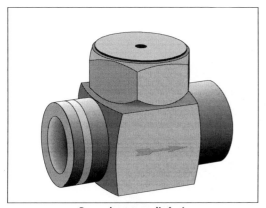
Purgador termodinâmico

Filtro Y

Purgador de boia

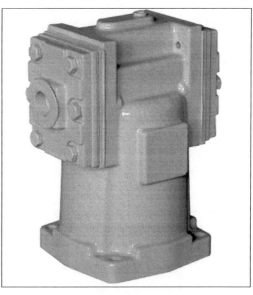
Eliminador de ar para líquido

Página para anotações

Tanques auxiliares

Junto das caldeiras devem existir dois tanques auxiliares que são:
- tanque de água quente (*boiler*);
- tanque de condensado.

O tanque de água quente, dependendo da solução de engenharia, trabalha com pressão, e o tanque de condensado trabalha sem pressão.

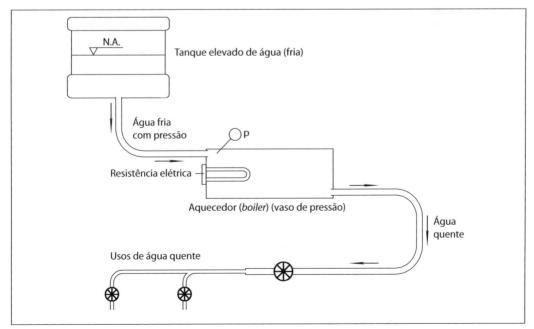

Esquema de sistema de aquecimento de água residencial padrão

Vejamos agora o esquema com caldeiras.

O tanque de água quente recebe, em carga, água fria de algum reservatório e tem uma serpentina por onde passa o vapor e, com isso, a água desse tanque tem sua temperatura elevada para a faixa 50 °C a 60 °C; com a pressão que tem a água quente, vai, via tubulação, atender aos usuários (normalmente higiene pessoal e água quente para limpezas variadas, como, por exemplo, na cozinha).

De um hospital, recolhemos os dados de placa dos tanques citados:
- tanque de água quente(em pressão);
- capacidade – 3.000 L;
- pressão máxima de trabalho 4 kgf/cm^2 (40 metros de coluna de água);
- pressão de teste de fabricação – 6 kgf/cm^2;
- termostato – 60 °C;
- tanque de condensado (sem pressão);
- capacidade – 1.500 L.

Nota – Quando se faz a inspeção anual da NR 13, deve-se fazer a inspeção do tanque de água quente. Essa inspeção é menos demorada que a inspeção da caldeira (que leva de um a dois dias) e leva cerca de duas horas.

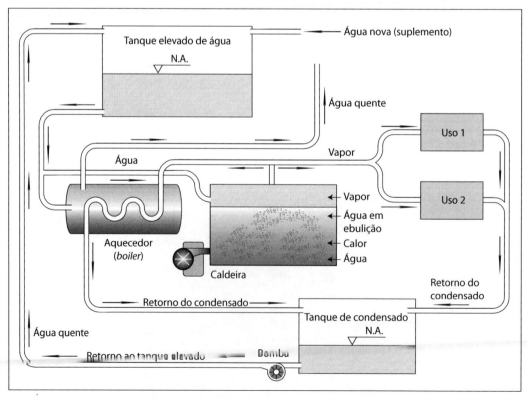

Esquema de sistema de aquecimento de água com caldeira

O vapor reevaporado (*flash*)

O condensado recolhido não passa de água quente (próximo de 90 °C). Se recolhermos esse condensado em um tanque com menor pressão, acontecerá uma revaporização do condensado. Esse vapor criado nessas condições é o chamado vapor reevaporado (*flash*) e pode e deve ser reaproveitado como vapor. Veja-se o esquema a seguir:

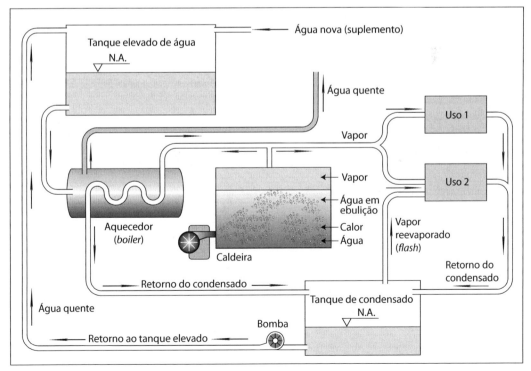

Esquema de reaproveitamento da revaporização do condensado.

Página para anotações

Sensores

Chamamos de sensores os dispositivos que medem variáveis físicas (pressão, temperatura etc.) e variáveis químicas (pH, oxigênio dissolvido) do sistema da caldeira, e nos alertam dos valores dessas medidas.

No caso de caldeiras temos:

- manômetros;
- termômetros;
- indicadores de nível da água da caldeira;
- sensores de gases combustíveis não queimados etc.

Quem nos propicia essas medidas são as peças chamadas de eletrodos, que medem por medidas elétricas e transmitem as informações aos comandos da caldeira.

O principal sistema de medida está ligado ao eletrodo (sensor) de nível de água da caldeira. Se o nível de água ficar abaixo de um nível crítico, ele desliga o queimador. Antes disso, ele deve ter ligado a bomba.

Nota – Detector de gás combustível na atmosfera (gás não queimado).

Um conceituado fabricante indicou as características técnicas de seu detector de gás combustível:

> *Central de detecção que permite a identificação de local de vazamento de gás e alerta com indicadores visuais e sonoros (sirene) em mais de um ponto e com raio de influência de 40 m.*

88 Operação de caldeiras – gerenciamento, controle e manutenção

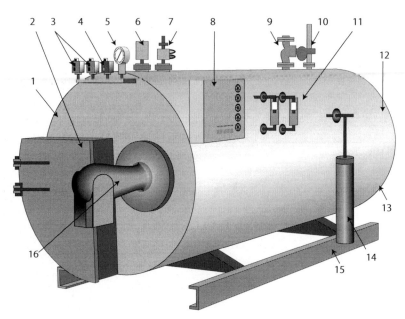

1. Cilindro de caldeira com isolação
2. Inversor de câmara de combustão
3. Reguladores de pressão
4. Interruptores de pressão
5. Manômetro com válvula de controle
6. Regulador do nível de água e interrupção de excesso de água
7. Interrupção de água auxiliar
8. Painel de controle
9. Válvula de vapor principal
10. Válvula de segurança
11. Reguladores de água
12. Conexão do gás de conduto
13. Alerta da segurança[*]
14. Bombas de alimentação com encaixes
15. Suporte
16. Queimador duplo do óleo, do gás ou de combustível

(*) Alerta: serve para irradiar calor (resfriar).

Caldeira e seus componentes

Comandos de uma caldeira

Faz tempo que as caldeiras são fabricadas com comando automático, ou seja, para essas caldeiras, em princípio, a única ação do operador é ligar um circuito elétrico e, a partir daí:

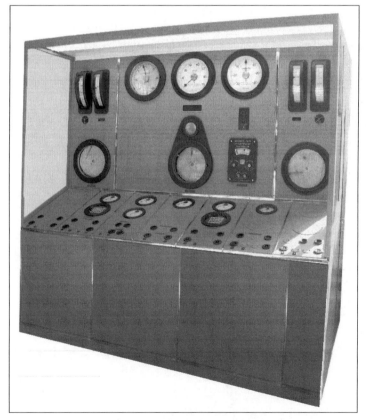

Quadro de comando de uma caldeira

Operação de caldeiras – gerenciamento, controle e manutenção

- o ventilador do queimador, antes de começar a queima, começa a funcionar e expulsa eventuais gases não queimados e eventualmente explosivos;
- é feita a injeção do combustível, e o faiscador é acionado;
- o nível de água da caldeira é mantido entre o mínimo e o máximo por um comando de acionamento do motor da bomba de alimentação. Usam-se, para isso, eletrodos (sensores) que medem e transmitem a informação de nível a um sistema de comando geral que aciona ou desliga a bomba de alimentação;
- ocorrendo emergência (falta de água ou aumento da pressão) ocorrem desligamentos da alimentação de combustível, e as válvulas de segurança disparam (sai vapor), diminuindo a pressão dentro da caldeira.

As caldeiras só têm comando manual na partida fria e vazia de água, pois a lógica do funcionamento não funciona. Posto o comando para a situação de controle manual, a caldeira é cheia com água fria e liga-se o queimador. Ao alcançar a pressão mínima de funcionamento, a lógica do sistema pode funcionar e, a partir daí, o funcionamento é automático. Nas caldeiras comuns, o que sobra de comando manual é a descarga do lodo do fundo da caldeira (extração de fundo), a cada hora e por dez a quinze segundos.

Apesar de todo esse automatismo, o operador deve saber operar manualmente a caldeira, e isso será necessário se o automatismo for retirado para conserto ou troca, ou com defeito de operação.

Recomenda-se, como leitura de aprofundamento, o livro *Instrumentação aplicada ao controle de caldeiras*, de Egídio Alberto Bega, da Editora Interciência.

Ainda existem, por todo o país, velhas caldeiras de comando manual.

> *Só opera bem uma caldeira com comando automático quem sabe operar uma caldeira com comando manual.*
>
> (Frase de Seu Chiquinho)

De um manual de operação de caldeiras pode-se conhecer os comandos dessa caldeira:

- 1 contator para acionamento do motor da bomba;
- 1 relé de proteção do motor da bomba. O relé desarma quando houver falha de fase, fusível queimado ou sobrecarga do motor;
- 1 relé de controle de nível;
- alarme sonoro, que é acionado quando houver nível de água insuficiente ou falha de chama (risco de espalhar gás combustível não queimado);
- chave geral para ligar e desligar o circuito de comando;
- chave de bomba com três posições: acionamento automático, acionamento manual e desligado;
- chave do queimador com três posições: acionamento automático, acionamento manual e desligado;

Comandos de uma caldeira **91**

- lâmpadas sinalizadoras de alarme para nível de água, queimador;
- lâmpadas de acionamento – bomba de água, queimador.

De um outro fabricante, obtivemos os dados de sua caldeira quanto ao painel de comando:

- fusíveis gerais;
- módulo eletrônico de nível;
- contatores de comando de bomba de água e motor de queimador;
- comutador geral de comando;
- alarme auditivo de nível de água, falta de chama e excesso de pressão do vapor;
- comutadores para as bombas e queimador;
- sinaleiro de nível baixo de água, sobrecarga nos motores e queimador ligado.

Um conceituado fabricante de caldeiras elétricas informa, em seu folheto comercial, os componentes fornecidos no painel de controle de sua caldeira:

- relé de nível baixo de água;
- relé de nível normal de água;
- pressostato de alta pressão, com religador (*reset*) manual;
- partidor (starter) da bomba;
- disjuntor;
- lâmpada sinalizadora de força;
- sequenciador de partida que energiza progressivamente os componentes.

Vamos aplicar o visto de comandos num caso concreto. Cada sistema de caldeira a vapor tem um tipo de solução. Falaremos de uma das soluções possíveis, como, por exemplo, o Seu Chiquinho trabalha na operação de caldeiras de dois hotéis, um totalmente plano e onde a caldeira está no mesmo nível do hotel, e outro é um hotel com quatro andares, com a caldeira num ponto baixo do terreno, e a alimentação da água fria vem de um reservatório elevado. O número de bombas a usar é completamente diferente em cada caso.

A caldeira está, por hipótese, trabalhando e mandando vapor para seus usos, um dos quais é aquecer a água inicialmente fria do aquecedor (*boiler*). O comando de entrada de água quente estocada no aquecedor (*boiler*) é dado pelo nível de água da caldeira (situação de nível baixo). Nessa situação, uma bomba pega água do tanque de condensado e, com pressão, alimenta a caldeira. Chegando o nível de água da caldeira no limite máximo, cessa o bombeamento de água quente do tanque de condensado. Dentro da caldeira, a temperatura do vapor de água tende a cair, pois está saindo permanentemente vapor, e mais água se vaporiza e, com isso, demanda calor. Para atender a essa queda de temperatura dentro da caldeira, o queimador é ligado ou desligado. Com a contínua saída de vapor da caldeira, tende a cair e, com isso, graças a comando de nível, o bombeamento de água quente do tanque de condensado volta a alimentar a caldeira com água a cerca de 70 °C a 90 °C, o que tenderia a esfriar a água em ebulição dentro da caldeira com temperatura na faixa de 150 °C, só não acontecendo isso face ao funcionamento quase que contínuo do queimador.

No caso de faltar água de alimentação da caldeira (falha), a pressão na caldeira tende a aumentar e, com isso, um sensor de pressão desliga o aquecimento, e face à saída contínua de vapor, a pressão interna da caldeira começa a cair.

No aquecedor (*boiler*), como sai água quente e entra água fria permanentemente, um sensor de temperatura aciona uma válvula solenoide de entrada ou fechamento de vapor. Caindo a temperatura da água do aquecedor (*boiler*), a válvula solenoide abre e entra vapor. Com a temperatura da água do aquecedor (*boiler*) chegando a 50 °C (valor regulável), o sensor de temperatura avisa a válvula solenoide, que se fecha e, com isso, cessa a entrada de vapor no aquecedor (*boiler*).

Logo, temos comandos acionados por:

- pressão dentro da caldeira;
- nível de água dentro da caldeira;
- temperatura no aquecedor (*boiler*) e dentro da caldeira.

Nota – Heresia termodinâmica

No circuito apresentado há uma heresia (erro) termodinâmica(o), pois aquecemos a água para fazer vapor e depois usamos vapor no aquecedor (*boiler*) para aquecer a água. Há, pois, um circuito de ida e vinda com implacável perda energética.

O certo seria desligar a produção de água quente do aquecedor (*boiler*) do uso do vapor e, como se faz nas residências, ter um aquecedor (*boiler* específico) para aquecer a água fria (da ordem de 20 °C; para água quente, da ordem de 50 °C).

Veja:

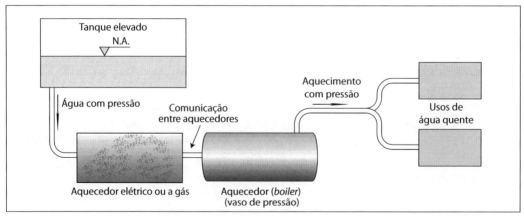

Esquema de circuito com aquecedor elétrico (gás) para gerar vapor para outro aquecedor (*boiler*)

Cuidados especiais de um operador de caldeira

O preço da segurança é a eterna vigilância.

Vamos listar uma série de cuidados de um operador de caldeiras. Outros cuidados estão descritos ao longo deste livro. No caso do leitor, leia sempre o manual de sua caldeira.

Os cuidados são:

1. Manter limpa e muito bem arejada a sala de caldeiras.
2. Olhar sempre o manômetro do gás combustível (ou outro sistema no caso de outro tipo de combustível).
3. Como as famosas regras de ouro, verificar sempre a pressão e o nível de água dentro da caldeira.
4. Acompanhar o aspecto do condensado, por meio das descargas da caldeira. Se o condensado (água quente) tiver cor, deve estar ocorrendo corrosão na caldeira ou nas linhas. Anotar isso no livro de operação da caldeira.
5. Olhar a cor da chama do queimador. Cor firme sem faísca é o esperado. Cores diferentes ou faiscamento podem indicar possivelmente má regulagem do queimador ou sujeira nos seus bicos.
6. Testar periodicamente a linha de gás combustível. Usar borrifador (*spray*) com amoníaco ou água com sabão. A formação de bolhas indica a liberação de gás na linha e não no queimador. Perigo. Desligue imediatamente a alimentação de gás e repare o defeito.

94 Operação de caldeiras – gerenciamento, controle e manutenção

7. Olhar a cor dos gases queimados que saem da caldeira. Gás branco significa excesso de ar e estamos aquecendo nitrogênio (gás inerte sem função) e jogando-o no ar. Se o gás for escuro, falta ar. O certo é o gás de saída da chaminé da caldeira não ter cor, ser invisível.

8. Nunca aperte parafuso ou porca de flange de caldeira em trabalho. Pode haver explosão e expulsão de vapor a mais de 100 °C.

9. Contaram ao autor deste livro que num hotel a caldeira não tinha termômetro de saída de gases. De tanto o operador reclamar, foi instalado o termômetro e notou-se que a temperatura dos gases queimados era bem maior que o manual de operação indicava. Conclusão: o calor retirado dos combustíveis não estava sendo usado para produzir vapor e sim para aquecer gases que eram jogados fora na atmosfera. Feita a inspeção da caldeira, detectou-se grande camada de fuligem e, com isso, não aconteciam as trocas térmicas para a geração do vapor. Esses combustíveis eram impuros e geravam fuligem (combustível não queimado). Foi trocado o combustível, e os tubos da caldeira foram lavados com água de alta velocidade (erroneamente dito água com pressão). Face a tudo isso, a temperatura dos gases quentes diminuíram até um valor próximo do indicado no manual do fabricante.

10. O projetista da caldeira e do seu sistema operador tem que fazer o maior dos seus esforços para que o condensado volte para o circuito e, portanto, volte para a caldeira. Condensado é água quente já tratada e com calor; jogá-lo fora é um ato não econômico.

11. Além dos cuidados com o circuito de vapor, o operador deve cuidar bem dos periféricos, como motores, ventiladores, manômetros de gás, limpar os queimadores, tratamento da água etc.

12. Dar, várias vezes ao dia, descarga do lodo do fundo da caldeira (extração de fundo).

Regras sábias e terríveis do Seu Chiquinho

Ao chegar para o trabalho, para substituir o turno do outro operador, faça o seguinte ao entrar na casa das caldeiras:

- Não cumprimente o operador a ser substituído.
- Vá direto até o mostrador do nível de água da caldeira, o termômetro e o manômetro.
- Se algo estiver fora do correto, então:
  - desligue a chama do queimador;
  - saia imediatamente da casa das caldeiras;
  - dê o alarme.
- Vá olhar o caderno com as observações anotadas sobre a caldeira.
- Se tudo estiver em ordem, então, e só então, faça sua saudação de chegada ao colega que está saindo.
- Comece sua operação.

A casa da caldeira

Vejamos como deve ser a casa da caldeira.

Deve ser absolutamente limpa e organizada. Só deve ter acesso a ela quem for operador da caldeira. Não é local de estoque de produtos fora do interesse da caldeira. Deve ser bem iluminada e ter uma iluminação elétrica de emergência portátil, além de uma potente lanterna. Deve ter muita ventilação natural, pois é um local de gases combustíveis e outros gases.

A NR 13 exige que a casa tenha duas saídas em posições opostas, para facilitar a saída do operador em caso de emergência. Nossa recomendação é que deve haver um sanitário nas imediações (no máximo a cinquenta metros

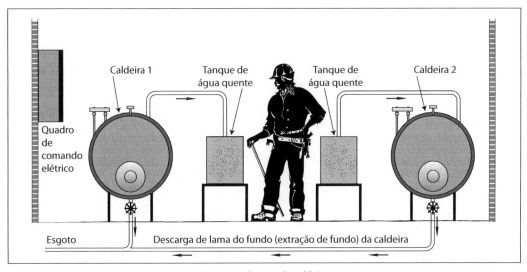

Esquema da casa da caldeira

96 Operação de caldeiras – gerenciamento, controle e manutenção

de distância), para diminuir ao máximo o tempo de permanência do operador fora da casa da caldeira. O ideal seria que o alarme da caldeira ficasse audível e visível (alarme luminoso) no sanitário, ou que na casa de caldeira houvesse um sanitário.

Especialistas em projetos estruturais civis recomendam que a casa da caldeira seja feita com paredes maciças de concreto armado e telhado com estrutura a mais leve possível, pois no caso de uma explosão há uma tendência de subida do telhado e menor tendência de expulsão horizontal de materiais. Mas cabe ao operador da caldeira (o maior interessado) fazer com que se tomem as medidas de segurança, de modo que não haja desastres com a caldeira.

Seguramente se o hospital, hotel ou fábrica tiver gerador para suprir eletricidade no caso de falha da alimentação elétrica externa, o circuito alimentado por esse gerador deve alimentar a casa da caldeira.

A NR 13 prescreve outras condições civis para a casa da caldeira.

Na casa da caldeira deve existir:

- mesa com cadeira e lanterna com pilhas;
- o livro de anotações diárias da caldeira;
- o manual de operação do fabricante;
- a NR 13;
- sensor da presença de gases;[*]
- desejavelmente este livro.

Vejamos extrato da NR 13

Ambiente aberto

13.2.3 – Quando a caldeira for instalada em ambiente aberto, a "Área de Caldeiras" deve satisfazer aos seguintes requisitos:

a) estar afastada no mínimo três metros de:

- outras instalações do estabelecimento;
- de depósitos de combustíveis, executando-se reservatórios para partida com até 2.000 (dois mil) litros de capacidade;
- do limite de propriedade de terceiros.

b) dispor de pelo menos 2 (duas) saídas amplas, permanentemente desobstruídas e dispostas em direções distintas;

c) dispor de acesso fácil e seguro, necessário à operação e manutenção de caldeira, sendo que, para guarda-corpos vazados, os vãos devem ter dimensões que impeçam, a queda de pessoas;

d) ter sistema de captação e lançamento dos gases e material particulado, provenientes da combustão, para fora da área de operação, atendendo às normas ambientais vigentes;

e) dispor de iluminação conforme normas oficiais vigentes;

f) ter sistema de iluminação de emergência caso operar a noite.

---

[*] Verifique a necessidade de protetor individual contra ruídos.

Ambiente confinado (fechado)

13.2.4 – Quando a caldeira estiver instalada em ambiente confinado, a "Casa de Caldeiras" deve satisfazer aos seguintes requisitos:

a) constituir prédio separado, construído de material resistente ao fogo, podendo ter apenas uma parede adjacente a outras instalações do estabelecimento, porém com as outras paredes afastadas de, no mínimo, 3,00 m (três metros) de outras instalações, do limite de propriedade de terceiros, do limite com as vias públicas e de depósitos de combustíveis, excetuando-se reservatórios para partida com até 2 (dois) mil litros de capacidade;

b) dispor de pelo menos 2 (duas) saídas amplas, permanentemente desobstruídas e dispostas em direções distintas;

c) dispor de ventilação permanente com entradas de ar que não possam ser bloqueadas;

d) dispor de sensor para detecção de vazamento de gás quando se tratar de caldeira a combustível gasoso;

e) não ser utilizada para qualquer outra finalidade;

f) dispor de acesso fácil e seguro, necessário à operação e à manutenção da caldeira, sendo que, para guarda-corpos vazados, os vãos devem ter dimensões que impeçam a queda de pessoas;

g) ter sistema de captação e lançamento dos gases e material particulado, provenientes da combustão para fora da área de operação, atendendo às normas ambientais vigentes;

h) dispor de iluminação conforme normas oficiais vigentes e ter sistema de iluminação de emergência.

Notas

1. Iluminação de emergência é aquela que independe da alimentação geral da casa. Assim, a iluminação de emergência deve ser adicional à iluminação garantida da iluminação ligada ao gerador. Usar, por exemplo, iluminação de emergência alimentada por bateria.

2. Atenção para o nível de ruído da casa da caldeira. Se o nível de ruído for excessivo, o operador deve usar protetor acústico individual.

3. Um dos autores (M.H.C.B.) visitou algumas casas de caldeira que apresentavam erro de segurança de trabalho: tubulações de alimentação de água e de efluentes de descarga de fundo da caldeira salientes no chão, podendo ocasionar queda dos operadores. Esses tubos deveriam estar em canaletas cobertas por grelhas metálicas (ver figura na página seguinte).

4. É muito interessante existir na casa da caldeira um quadro bem grande com a indicação bem visível da data da última inspeção, nome completo e CREA do engenheiro inspetor responsável, com endereço completo.

98 Operação de caldeiras – gerenciamento, controle e manutenção

Tubos colocados de forma errada, em cima do solo

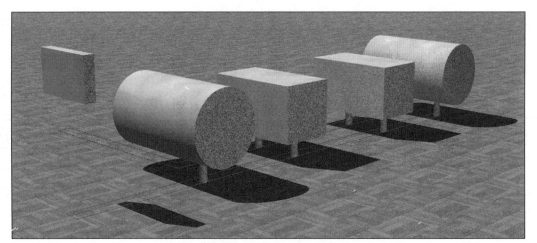

Tubos corretamente colocados, em rebaixo do piso

A água para a caldeira e seu tratamento

Vapor é água que sofreu mudança de estado de líquido para gás. Logo a importância da qualidade da água é vital para se produzir vapor. De onde pode vir a água?

As origens mais comuns são:
- rede pública, de onde se espera que a água seja potável;
- de poços profundos;
- de rios e lagos;
- de destiladores de água do mar (navios).

Água potável é, sumariamente, uma água cristalina, agradável de beber (leve e sem gosto) e que não transmite doenças.

Água potável não quer dizer, entretanto, água pura. A água potável sempre tem:
- sólidos dissolvidos que não produzem cor ou turbidez;
- gases dissolvidos, como o oxigênio.

O fato de uma água ser potável não quer dizer que, para ser usada em caldeiras, possa prescindir de tratamento. Analogamente, a água potável não serve como água para bateria, pois, mesmo cristalina, tem muitos sólidos dissolvidos invisíveis. Para água de bateria, se destila a água potável e, com isso, se eliminam os sais dissolvidos. O mesmo se poderia fazer com a água de caldeiras, mas como o consumo de água na caldeira é muito grande, é inviável economicamente se destilar água para o uso na caldeira (usada em navios).

100 Operação de caldeiras – gerenciamento, controle e manutenção

Temos, pois, três problemas com a água, mesmo que potável:

1. Como dito, a água potável tem muitos sólidos dissolvidos e se a usarmos, esses sólidos não saem com o vapor e ficam se acumulando na caldeira, podendo formar incrustações na parte metálica da caldeira e das linhas de vapor e, com isso, geram-se problemas muito graves.

2. O oxigênio dissolvido que vem na água potável ataca os metais da caldeira, sendo, pois, fonte de corrosão.

3. O vapor, sendo uma água vaporizada sem sólidos que ficou na caldeira, tem grande avidez por sólidos e os pega nas estruturas metálicas que encontra na caldeira e nas linhas de vapor.

Por tudo isso devemos:

- acompanhar a qualidade da água da caldeira, tanto a que está entrando como a água dentro da caldeira;
- fazer o tratamento da água da caldeira, que quase sempre é necessário;
- verificar as incrustações na chaparia da caldeira e em suas tubulações;
- verificar o eventual ataque à caldeira pelos sólidos dissolvidos (invisíveis) que vêm junto com a água;
- fazer a inspeção anual prevista pela NR 13.

O tratamento de água da caldeira é uma atividade técnica especializada e cujos detalhes estão fora do escopo deste livro. Daremos então informações sumárias que não eliminam a necessidade de contratação de um profissional do ramo (engenheiro químico especializado).

Há tratamento de água fora da caldeira e que, portanto, trata a água que vai nela entrar. É o caso de caldeiras especiais ou casos especiais (água de poço profundo com muitos sais) e que são assuntos todo especiais. Os tratamentos de água fora da caldeira mais comuns são:

- tratamento com abrandadores;
- tratamento com desmineralizadores.

Vamos, neste livro, nos ater ao tratamento de água dentro da caldeira e que tem por objetivos principais:

- remover sólidos dissolvidos, transformando-os em suspensão e que formam o lodo facilmente retirável por descargas de fundo (extração de fundo) da caldeira;
- remover o oxigênio dissolvido da água de alimentação.

Com esse tipo de tratamento, evitamos bastante a incrustação e o ataque à parte metálica da caldeira e linhas de vapor.

O responsável pelo tratamento de água da caldeira, em função de análises químicas da água em tratamento, prepara uma mistura de produtos, como bissulfito de sódio, fosfatos, quelantes (produto químico orgânico), que serão dosados continuamente para a água da caldeira e, com isso, face às reações que ocorrem, faz com que os sólidos dissolvidos se precipitem, assim como o oxigênio dissolvido é removido. Forma-se dentro da caldeira continuamente uma lama de fácil decantação e não incrustante que o operador da caldeira deve dispor para o esgoto de hora em hora, via válvula de descarga de fundo (extração de fundo).

Nota – Para exprimir a concentração dos sólidos dissolvidos que causam os problemas nas caldeiras foi criado o conceito de dureza da água. Quanto maior for a dureza da água, mais sólidos dissolvidos teremos que remover.

Águas duras não espumam quando misturadas com sabão. Mãos de professores cheias de giz ao serem lavadas não espumam. No sul do Brasil, as águas dos rios costumam ser mais moles, e no nordeste são mais duras.

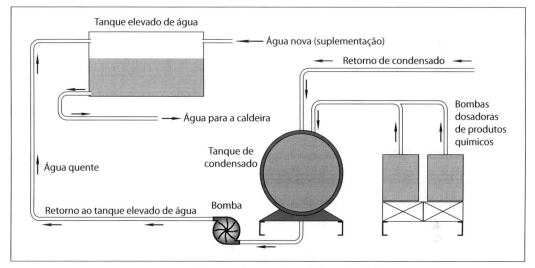

Esquema do sistema de tratamento de água da caldeira

Considerações
1. Adição de água

    O bombeamento de água para o interior da caldeira, se não é contínuo, é quase que permanente. Por quê? É que sai água ou vapor do sistema nos seguintes pontos:
    - ponto de uso de vapor sem retorno de condensado por contaminação desse condensado;
    - perdas por falhas nas conexões;
    - descargas da lama do fundo (extração de fundo) da caldeira e que devem acontecer de hora em hora, ou com espaço de tempo menor.

2. A questão do pH

    Independentemente da questão dos sólidos dissolvidos, temos de controlar a acidez ou alcalinidade da água da caldeira. Ácidos e bases (produtos ácidos e alcalinos) são antípodas, ou seja, uma água:

Operação de caldeiras – gerenciamento, controle e manutenção

- ou é alcalina (excesso de produtos alcalinos);
- ou é ácida (excesso de produtos ácidos);
- ou é neutra , sem excesso de ácidos ou bases.

Quem mede a acidez ou alcalinidade ou o aspecto neutro da água é o teste do pH e assim pode ser entendido:

- pH da água menor que 7 indica águas ácidas;
- pH da água maior que 7 indica águas alcalinas;
- pH igual a 7 indica água neutra.

Na natureza, o pH da água de rios varia de 5 a 9.

Limonada tem pH menor que 4 (portanto ácido), atacando com força mesas de mármore (calcário) dos velhos bares.

Águas ácidas atacam os metais das caldeiras e, portanto, o pH da caldeira deve ser mantido alcalino, o que se consegue adicionando, por exemplo, cal (hidróxido de cálcio), a mesma cal de pintura. Cuidado com excesso de alcalinidade. O mostrador de vidro do nível de água da caldeira pode ser atacado por um meio excessivamente alcalino.

Um fabricante de caldeiras fixou os teores-limite de caracterização da água de caldeira de vapor saturado para uma produção de vapor de 800 kg/h e pressão de trabalho de 8 kgf/cm^2.

- condutividade – 3.000 a 3.500 microohm (medida indireta do teor de sólidos dissolvidos);
- pH – 10 a 11,5 (marcantemente alcalino);
- dureza total – mg/L – zero;
- alcalinidade total – mg/L < 800;
- alcalinidade de hidróxidos – mg/L < 300;
- cloretos – mg/L < 300;
- fosfatos – mg/L de P_{04}^{3-} < 30;
- sólidos totais – mg/L < 3.000 mg/L;
- sólidos dissolvidos – mg/L < 300;
- oxigênio dissolvido – mg/L = zero.

Cabe sempre uma advertência – cada caldeira, em função do seu tipo e pressão, exige uma certa qualidade de água. Consultar o manual da caldeira e o especialista de tratamento de água.

3. No dia da inspeção anual da NR 13 é muito importante que o técnico de tratamento de água esteja presente, pois ele poderá ver como está a caldeira nos seus interiores.

4. O local de retirada de amostras para exame químico da água tem de ser na tubulação de descarga do lodo, pois aí se acumulam os problemas. Por vezes, por dificuldades de acesso a esse ponto, retira-se amostra de água em locais que falseiam os resultados.

Insiste-se: local de retirada de amostras tem de ser no local de água com lodo, ou seja, amostras do fundo da lagoa.

Como referência, verifiquemos os critérios de potabilidade da água:

Tabela das condições de potabilidade da água, tratada ou não, para o consumo público			
Determinação	Limites recomendados	Limites máximos tolerados	Unidades
Cor	10	30	mg/L Pt
Odor	Inobjetável	Ausência de odor	–
Sabor	Inobjetável	Ausência de sabor	–
Turbidez[*]	1	5	mg/L SiO_2
Dureza total	100	200	mg/LmCaCO_3
pH e alcalinidade[**]	pHs (pH de saturação)	pH = 6 e isenção de alcalinidade cáustica	–
Sólidos totais	50	1.000	mg/L
Arsênico	0,05	0,10	mg/L As
Cálcio	Limitado pelo valor da dureza	Limitado pelo valor da dureza	–
Chumbo	–	0,10	mg/L Pb^{+2}
Cloretos	–	250	mg/L Cr^{-1}
Cloro livre	0,20	0,50	mg/L Cl_2
Cobre	–	3	mg/L Cu^{+2}
Cromo hexavalente	–	0,05	mg/L Cr
Ferro total	–	0,30	mg/Fe^{+2}
Fenólico	–	0,001	mg/L Fenol
Fluoretos	1,00	1,50	mg/L F^{-1}
Magnésio	Limitado pelo valor da dureza	Limitado pelo valor da dureza	–
Manganês	–	0,10	mg/L Mn^{+2}
Selênio	–	0,05	mg/L Se
Sulfatos	–	250	mg/L SO_4^{-2}
Zinco	–	15	mg/L Zn^{+2}

[*] Em Turbidímetro Jackson; [**] o pH = 6 refere-se ao limite mínimo tolerado, e o limite máximo é condicionado pela isenção da alcalinidade cáustica.

104 Operação de caldeiras – gerenciamento, controle e manutenção

Amostra de um laudo emitido por empresa de tratamento de água:

Relatório de tratamento de água para um hospital				
Parâmetros	Unidade	Parâmetros caldeira	Equipamentos/sistemas	
			Alimentação	Caldeira
Cor	–	–	Incolor	Amarelada
Turbidez	–	–	Límpida	Turva
Condutividade	Microohm	< 3.500	233,00	2.010,00
Ferro	ppm Fe	Fe (alim) x CC / < 5,00	1,17	2,26
pH	–	10,0 a 12,0	7,80	11,50
Dureza total	ppm $CaCO_3$	< 15	56,00	0,00
Dureza carbonato	ppm $CaCO_3$	–	20,00	0,00
Dureza não carbonato	ppm $CaCO_4$	–	36,00	0,00
Alcalinidade OH	ppm $CaCO_3$	200 - 300	–	80,00
Alcalinidade total	ppm $CaCO_3$	< 600	20,00	245,00
Alcalinidade P	ppm $CaCO_3$	–	–	–
Cloretos	ppm Cl	< 300	7,00	160,00
Fosfonato	ppm PO_4N	–	–	–
Fosfato	ppm PO_4	10 - 80	–	6,10
Sulfito	ppm SO_3	10 - 30	–	3,00
Sílica	ppm SiO_2	< 150	16,55	105,45
Nitrito	ppm NO_2	–	–	–
Cloro residual	–	–	–	–
Gás carbônico dissolvido	ppm CO_2	–	–	–
Solução total dissolvida	ppm NaCl	–	163,10	1.507,50
Nitrogênio Amoniacal	ppm N	–	–	–
Sulfato Amoniacal	ppm N_2H_4	–	–	–

A seguir, relatório de visita relatando condições da água das caldeiras:

Relatório de visita sobre equipamento de um hospital

Empresa: *Hospital Geral*

Contato: *Sr. Antonio*	Data da visita: *03/05/20XX*
Fone: *0XX-11-XYXYXY*	Fax:

E-mail: *antonio@hospital.com.br*

Representante:	Código de área:
Visita com coleta – Número de amostras (*5*)	Visita sem coleta ( )

Seguem os comentários sobre a situação atual do tratamento de água coletada:

Sistema	Produto	Dosagens	Drenagens/decargas
Caldeira HPA 402 *HPA 250* *HPM L90*			
Alimentação:			

De acordo com última amostragem, a água de alimentação apresentou teor de condutividade, ferro e pureza acima do ideal para sistemas de vapor, porém não causaram impactos aos sistemas. A brusca alteração dos valores de alimentação se dá por causa da mudança do ponto de coleta da rede de água normal para a válvula instalada após a bomba da caldeira.

Caldeira: Verificamos baixos teores de alcalinidade pH, Fosfato e Sulfito. Para corrigir, recomendamos realizar dosagem de choque de 5 litros de HPM L50, 2 litros HPA 402.

Ass. Representante Técnico: *Mnn*	Assinatura do responsável nomeado pelo cliente: *Antonio*

Página para anotações

Atenção: a caldeira vai partir

Admitamos que a caldeira esteja fria, mas com água (a caldeira foi desligada, sem uso), e tudo está pronto e sem problemas.

O operador vai fazer funcionar (partir) essa caldeira.

Antes de partir, o operador deve verificar:

- o nível de água dentro da caldeira, que deve estar entre um valor máximo e mínimo;
- complementarmente deve verificar se o reservatório geral de água da instituição (hotel, hospital, indústria etc.) tem água;
- idem, se temos combustível;
- por hipótese, a válvula de saída de vapor da caldeira está fechada (válvula de alimentação das linhas de vapor). Será aberta posteriormente.

Se tudo está ok, o operador:

- abre a válvula de alimentação de gás (essa válvula está fora do automatismo da caldeira). Verifica se a pressão do gás está no mínimo 300 mmCA (milímetros de coluna de água);
- liga a chave geral de força do quadro de comando;
- liga o quadro de comando. Tudo vai começar;
- colocar o queimador de gases na posição em chama baixa.

O processo começou

A entrada de água é automática, pois um dispositivo chamado de garrafa dotada de eletrodo faz a partida do motor de alimentação da água. Chama-se CND o dispositivo na garrafa que, através de eletrodos, liga e desliga a entrada de água e a entrada de gás. Se não tivéssemos o automatismo, o operador ligaria manualmente a bomba. Seguem-se:

- A ignição elétrica (acendedor) é acionada automaticamente.
- Como já há gás alimentando o queimador com a faísca, forma-se a chama no estágio inicial.
- Como estamos na fase inicial de queima, a temperatura na caldeira é a ambiente (algo como 20 °C) e a pressão no manômetro da caldeira é nula (pressão ambiente). Daqui a alguns minutos começará a água a ferver e será a 100 °C pois estamos a pressão ambiente. Com o tempo, e alcançada a pressão de trabalho (regime), a água da caldeira mudará de fase, virando vapor a uma temperatura maior).
- A caldeira está quente. Se tivermos termômetro do vapor, ele indicará essa temperatura. Se não tivermos termômetro na caldeira, basta olhar o seu manômetro (equipamento indispensável). Basta saber a pressão do vapor que, matematicamente, via tabela (Tabela de Flieger-Mollier) página 46, saberemos a temperatura do vapor.
- Começa a água a vaporizar, e como a saída de vapor está fechada (hipótese), começa a caldeira a ter pressão que chegará até próximo à pressão máxima de trabalho.
- Liga-se a caldeira às linhas de vapor, abrindo a válvula de saída do vapor e este começará a circular pelas linhas, alimentando os pontos de consumo de vapor. Mais tarde ele voltará bem menos quente (condensado) ao tanque de condensado. O que volta ao tanque de condensado é uma mistura de vapor e água quente (temperatura inferior a 100 °C). Essa mistura via uso de bomba retorna à caldeira.
- Olhar o termômetro de saída dos gases queimados que estará na mesma temperatura do vapor produzido na caldeira.

A sequência mostrada ocorre quando a caldeira está fria. Com a caldeira quente há sempre a necessidade de entrada de água nova, pois no circuito de água quente sempre há perdas. A água nova é fria e seria um problema enviar água fria para um local com alta temperatura, o que poderia levar a danos ao aço da caldeira face ao choque térmico. Face a isso, como em todo o sistema de caldeiras costuma existir um aquecedor (*boiler*) com água na faixa em torno de 50 °C, o certo é alimentar a caldeira quente com essa água do aquecedor (*boiler*), evitando o choque térmico.

Portanto vale a sábia regra de um velho operador, (Seu Chiquinho):

Caldeira quente quer água quente, caldeira fria pode aceitar água quente ou fria.

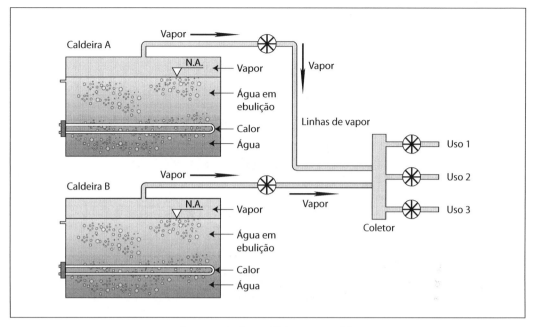

Esquema de duas caldeiras em paralelo

Notas

1. Associação de caldeiras

    Se uma caldeira (caldeira A) estiver para começar a funcionar, alimentando linhas de vapor já alimentadas por outra caldeira (caldeira B), a ligação da caldeira A com o sistema só deve acontecer quando a pressão de A for igual à pressão de B, pois senão haverá refluxo de vapor com sérias consequências para a caldeira A (a de menor pressão de vapor).

2. A entrada de uma caldeira com as linhas de vapor frias gera mais condensados do que na situação normal das linhas quentes.

3. Quando uma caldeira entra num sistema com linhas frias e vazias, além da geração de mais condensados, temos o problema da necessidade de expulsar o ar que ocupa as linhas, substituindo-o pelo vapor. As linhas de vapor devem ter, portanto, dispositivos de expulsão desse ar.

Feito tudo isso, o sistema entra em regime (operação contínua).

Bom trabalho, senhora caldeira...

Página para anotações

Quando existe um excesso de solicitação de vapor ou baixa demanda de vapor

Primeira situação

Seja uma caldeira que alimenta uma lavanderia e os panelões de uma cozinha, e eis que na lavanderia aconteça uma demanda enorme, muito maior que o normal. O que acontecerá com o sistema caldeira e linhas?

Resposta – havendo uma grande demanda de vapor, sairá mais vapor da caldeira e, com isso, a pressão dentro da caldeira tenderá a abaixar. Se o sistema de alimentação de água e o sistema de queima de gases conseguir aumentar a entrada de água e aumentar a queima de gases de maneira que muito vapor se produza, a pressão da caldeira voltará e a pressão anterior se estabilizará, e isso quer dizer que a caldeira está dimensionada para atender esse pico de demanda. Ou seja, essa caldeira, digamos, com capacidade de produzir 800 kg/h de vapor, não poderá atender continuamente a produção de 1.500 kg/h.

Se, no entanto, a pressão cair e houver limitação ou de entrada de mais água ou alimentação de uso de combustível, não conseguiremos produzir mais vapor, e como este está saindo da caldeira para atender a maior demanda, cairá a pressão da caldeira até um nível mínimo e, com isso, a caldeira não atenderá a demanda solicitada pelo sistema. Essa caldeira não está dimensionada para atender a esse pico de demanda. Assim, a única ação a ser tomada é reduzir o uso do vapor para diminuir o pico de demanda.

Segunda situação

Acontece uma falta de uso do vapor. Numa situação extrema, zero de demanda de vapor. Um pouco de demanda de vapor sempre existe, pois há perda de vapor e de calor ao longo das linhas de vapor. A pressão na caldeira pouco cairá e, com isso, o automatismo que comanda a partida da bomba começa a ligar e desligar.

Exemplo de caso concreto

Foi projetado um sistema de vapor para atender a um hotel.

Em função do número de hóspedes a abrigar, os fornecedores de equipamentos de lavanderia e dos equipamentos de cozinha definiram a demanda de vapor:

- lavanderia

  calandra: 90 kg/h;

  extratora: 140 kg/h;

  secadora: 70 kg/h.

- cozinha

  120 kg/h;

  50 kg/h.

- total geral: 470 kg/h.

  Perdas de vapor nas linhas de alimentação: 10% e igual, portanto, a

$$0,1 \ (90 + 140 + 70 + 120 + 50) = 0,1 \times 470 = 47 \text{ kg/h}.$$

Devemos comprar uma caldeira que tenha no mínimo $470 + 47 = 517$ kg/h (valor adotado de 550 kg/h) e dimensionar as linhas de vapor para os usos específicos.

Instalado o sistema, se o hotel ficar só parcialmente cheio de hóspedes, a caldeira só funcionará parte do dia, ou seja, o queimador funcionará parcialmente.

Se ao contrário houver um excesso de demanda (pico de demanda), por exemplo, a água quente não conseguirá ser tão quente quanto se desejaria. Isso será visível no manômetro da caldeira, que não alcançará o valor médio de trabalho e no termômetro do tanque de água quente.

Nota – Regra geral, o vapor é produzido em pressão superior à necessidade de transporte e de uso dos equipamentos. Essa maior pressão é usada, entre outros motivos, para melhorar a qualidade do vapor e diminuir a perda térmica com o condensado. O vapor com alta pressão, chegando perto do ponto de uso, tem sua pressão diminuída com o uso de válvulas redutoras mostradas a seguir.

Quando existe um excesso de solicitação de vapor ou baixa demanda de vapor

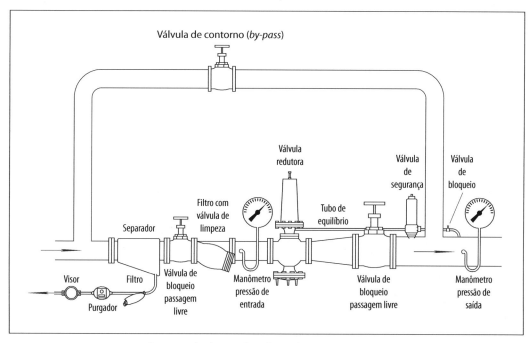

Esquema de sistema de redução de pressão do vapor

Página para anotações

Quando a caldeira não parte

Por vezes, uma caldeira que acreditamos que está sem problema vai ser posta para funcionar e não parte.

Vejamos algumas das causas possíveis:
- o fusível de acionamento do faiscador está queimado;
- bobina da contadora está com defeito;
- os eletrodos da garrafa da caldeira estão sujos;
- o nível de água da caldeira está abaixo do nível mínimo;
- outras razões.

Esses são *alguns* dos problemas de partida (e operação) de uma caldeira. Bons manuais de operação da caldeira indicam, para cada defeito, a solução recomendada.

Na falta de um bom manual, faça você uma lista de verificações (*check list*).

Seu Chiquinho, velho operador de caldeiras deu, sua sofrida opinião sobre o assunto:

Os problemas de funcionamento das caldeiras são muito mais comuns ligados à parte de comandos eletrônicos do que ligados à velha hidráulica ou mecânica.

Quando seu Chiquinho fala...

Página para anotações

Tipos e funções das válvulas e outros materiais e equipamentos

Analisemos, do ponto de vista funcional, as principais válvulas que existem nas caldeiras e linhas de vapor:

Válvulas

Gaveta – usada em líquidos para bloqueio (fechamento) total ou abertura total. Exige muitas voltas para fechar e não é adequada para controlar vazão. Tem muita perda de carga. Exige muito espaço, pois a gaveta sai por completo para cima da linha de tubulação. Tem grande perda de carga quando aberta.

Borboleta – usada em vapor e líquidos. Permite alguma regulagem. Pode trabalhar em linhas com sólidos.

Retenção – para líquidos. Usada para garantir o fluxo em um único sentido (evitar retorno).

Esfera – para líquidos e gases. É indicada para fechamento e ou abertura rápida, pois com um quarto de volta fecha totalmente. Tem pequena perda de carga. Não indicada para controle. Não recomendável para líquidos com sólidos. Excelente vedação.

Globo – é usada para líquido e gases. Ótima para regulagem de vazão. É unidirecional. Tem grande perda de carga quando aberta. Excelente vedação.

Agulha – é semelhante à válvula globo mas com pequenos diâmetros.

Válvula de segurança para gases – válvula para gases que se abre permitindo a saída de gases. Normalmente é de mola calibrada, adaptada, assim, à pressão de trabalho da caldeira.

118 Operação de caldeiras – gerenciamento, controle e manutenção

Válvula de descarga – válvula que permite descarregar a caldeira de forma lenta ou mais rápida. Normalmente, válvula de esfera pela rapidez de atuação.

Válvula de quebra-vácuo – usada em tanques de pequena resistência estrutural (tanque de paredes finas). É unidirecional, permitindo a entrada de ar para evitar o colapso.

Válvula redutora de pressão – válvula redutora de pressão. Por vezes, produzimos vapor com pressão para atender a vários fins, e, para determinados fins, a pressão máxima aceitável é menor que a pressão da caldeira. Logo, teremos uma linha de vapor para atender a esse fim e teremos de ter uma válvula redutora de pressão.

Nota complementar

A válvula geral dos fogões a gás costuma ser do tipo esfera, que dá grande estanqueidade e velocidade de ação e desligamento. Se espera dela também estanqueidade.

As torneiras de pia são do tipo globo pressionando uma peça de desgaste chamada de courinho, antes de couro e hoje, de plástico.

As válvulas de bloqueio ou de abertura geral de água são de gaveta.

Uso de válvulas nos sistemas de vapor

V-1　Saída de vapor saturado. Ação de abrir ou fechar tudo (on-off). Usam-se:

- válvulas gavetas;
- válvula de retenção;
- válvula globo.

V-2　Válvula de bloqueio para o uso de vapor. Não havendo necessidade de controle de vazão, usar válvula gaveta ou de esfera.

V-3　Válvula de controle, se houver necessidade de controlar a vazão. Comando manual ou a distância. Para o comando manual, usar válvula globo.

V-4　Válvula de descarga do lodo (extração de fundo). Usar válvula de esfera, face à necessidade de ação rápida. Não usar válvula globo, pois pode entupir com a lama. Não usar válvula de gaveta, pois demora para abrir e demora para fechar (tem de dar muitas voltas).

V-5　Válvula de segurança com mola (válvula de alívio).

V-6　Válvula de controle de gás – válvula de esfera. Vedação perfeita e rapidez no acionamento.

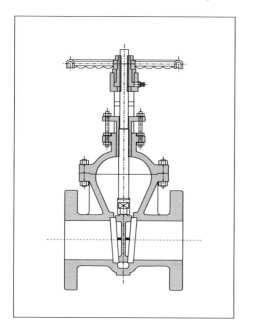 

Válvula de gaveta

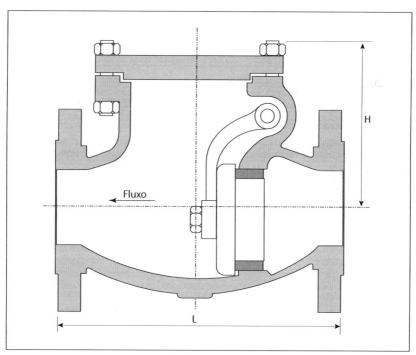

Válvula de retenção

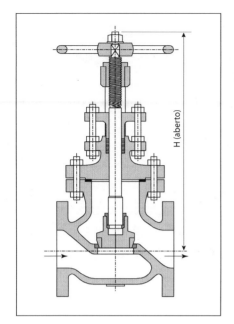 

Válvula globo

Válvulas de esfera

Tipos e funções das válvulas e outros materiais e equipamentos 121

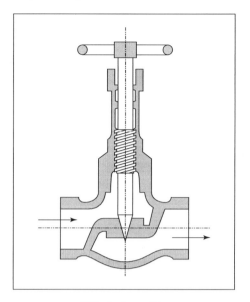

Válvula de agulha

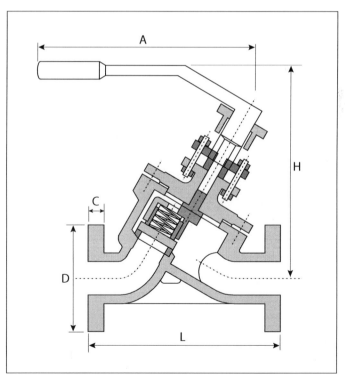

Válvula de descarga de lodo da caldeira

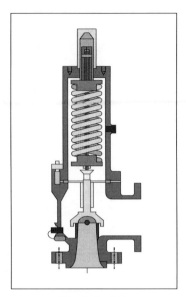

Válvula de alívio

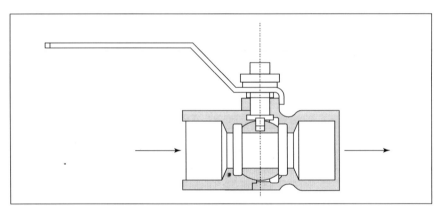

Válvula de controle de gás

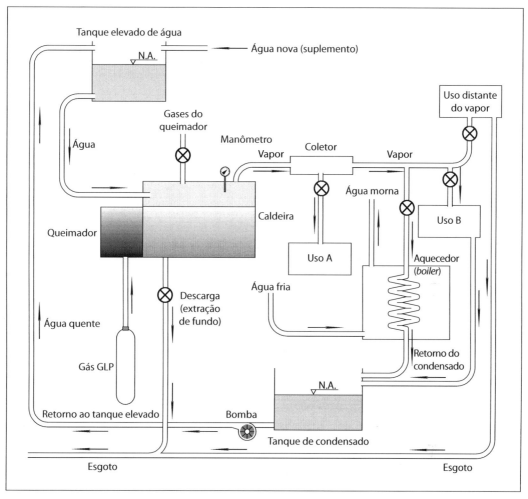

Esquema de sistema de vapor com válvulas e equipamentos

Notas

1. Por vezes, passa despercebida a importância estratégica do assunto válvula de fechamento rápido e válvula de fechamento lento. Válvulas gavetas são de fechamento lento, e válvulas de esfera são de fechamento rápido. Contemos um caso.

   Existia um parque de tanques de um gás combustível cuja drenagem inferior (descarga) fora prevista na fase de projeto para se usar válvula de fechamento rápido, podendo, assim, drenar a umidade condensada e fechar rapidamente quando a água retida e condensada acabasse de sair. Cabia a um operador acionar essa válvula supostamente de fechamento rápido. Só que, por erro de montagem, foi colocada uma válvula de fechamento lento. Um dia, o operador foi operar a válvula de drenagem para retirar a água acumulada e que diminuía na prática a capacidade de estocagem do gás. Aberta a válvula, o operador deixou que, além da água, fruto da condensação da umidade, saísse também algum gás, que começou a congelar. Se fosse válvula de fechamento rápido, com um golpe forte do operador teria conseguido fechar a válvula e terminar o problema. Mas era uma válvula de fechamento

Operação de caldeiras – gerenciamento, controle e manutenção

lento e, apesar do esforço do operador, esta continuou a congelar; daí não houve força humana que conseguisse fechá-la, e começou a vazar, sem parar, gás combustível. Apesar de o operador tentar acionar o alarme, houve uma explosão com muitos danos.

Moral da história – é necessário valorizar tudo no mundo da técnica.

2. Significado da válvula liga-desliga (on-off) – válvula de abertura total ou fechamento total. Não serve para regular vazão. As válvulas de gás dos fogões domiciliares são desse tipo. Ou ligam ou desligam o gás. Não controlam a vazão, que é função de válvulas que se seguem no circuito.

A válvula geral de um fogão é um exemplo de válvula liga-desliga (on-off) pois essa válvula não tem a função de controlar a vazão, e, sim, alimentar ou não com gás o fogão. As válvulas de cada bico, essas sim, têm a função de controlar a vazão do gás (mais ou menos gás).

3. As extremidades das válvulas podem ser:
    - roscadas por padrão de rosca ou BSP ou NPT (ambas normas estrangeiras);
    - flangeadas por padrão ANSI (americano) ou DIN (alemão);
    - por solda de topo;
    - com ponta e bolsa.

4. O acionamento das válvulas pode ser:
    - operação manual;
    - operação a distância.

Situações de alarmes e desligamentos

Admitamos um funcionamento normal de uma caldeira. As seguintes situações podem acontecer:

Situação 1 – Falta de gás

O gás combustível deixou de ser enviado ao queimador, ou por falta de gás ou por qualquer outro motivo.

Cessado o fornecimento de gás, apaga-se a fornalha e, com isso, começa a cair a temperatura na caldeira; como a caldeira está com pressão, o vapor continua a sair, e como não há geração de novos vapores, a pressão na caldeira começa a cair.

Os alarmes tocarão, face à emergência da falta de aquecimento ou queda de pressão. Cabe restabelecer o fornecimento do combustível.

Situação 2 — Falta de água

A caldeira deve funcionar com suprimento constante de água mais o retorno de condensado (água quente retornada). O nível de água dentro da caldeira deve ficar dentro de uma faixa de mínimo e máximo. Eis que, por qualquer motivo, cessa de forma total o fornecimento de água. Como há uma permanente transformação da água dentro da caldeira em vapor que é expelido, começará a cair o nível de água dentro da caldeira até alcançar o nível mínimo aceitável.

Alcançado o nível mínimo, o sistema deve ser desligado.

Deve haver sensores do nível de água que, nessa situação:

- darão alarmes sonoros;
- desligarão a caldeira (desligar a caldeira significa, na prática, desligar a combustão ou a alimentação elétrica, no caso de caldeira elétrica).

Os alarmes sonoros e visuais alertam o operador para operar manualmente o desligamento da caldeira ou à correção do problema. Face a isso, o operador da caldeira deve estar sempre nas proximidades da caldeira.

Caso o operador tenha de fazer uma breve saída[*], ele deve anteceder isso das duas inspeções mais importantes (regras de ouro) da caldeira; a saber:

- nível de água, que deve estar o mais alto possível dentro dos valores aceitáveis;
- a pressão, que deve estar dentro da faixa de segurança.

Diariamente devem ser testadas as duas válvulas de segurança, para saber se elas funcionam.

Situação 3 – Queda significativa da pressão da caldeira

Uma causa pode ser a falta de alimentação de água da caldeira e, com isso, desliga-se o queimador; como existe pressão na caldeira, ele vai saindo e não há reposição de vapor.

Nota – Um hospital público de porte médio, de São Paulo, tem 150 leitos, com restaurante e lavanderia internos; tem duas caldeiras (uma de uso e outra de reserva), cada uma com as características seguintes:

- caldeira fogotubular;
- uso do GLP;
- produção de 1.000 kg/h;
- pressão de 8 kgf/cm^2 e pressão de teste de 12 kgf/cm^2.

Nunca foi necessário, mesmo nas situações de pico, usar as duas caldeiras ao mesmo tempo.

---

[*] Mas deve voltar logo, ausência de poucos minutos.

Rotinas horárias, diárias, mensais, semestrais e anuais da operação de caldeiras

A correta operação de uma caldeira exige rotinas que podemos dividir em rotinas horárias, diárias, mensais e anuais.

Atenção, acima destas regras estão as regras de segurança do manual da caldeira. Neste livro são dadas informações genéricas, enquanto no manual estão as informações específicas.

Vejamos as rotinas principais.

Rotinas horárias

1. Na passagem de turno, verificar (ler) o que o operador anterior deixou escrito no livro de operação. O operador que sai só deve deixar a casa da caldeira quando quem o rendeu leu o relatório de passagem[*]. Não aceite informações verbais.

   Quando deixar o turno, escrever tudo o que de importante aconteceu.

2. Olhar o nível de água dentro da caldeira através do visor de nível. Falta de água é algo gravíssimo e obriga o desligamento manual imediato do aquecimento (fogo). Excesso de água indica falha no automatismo de ligar e desligar a bomba de alimentação de água. Corrigir o automatismo e descarregar o excesso de água.

3. Acompanhar o funcionamento olhando o manômetro da caldeira, que mede sua pressão interna.

---

[*] Rezemos para que isso aconteça.

Pressão muito baixa pode indicar um excesso de consumo ou problema (falta) de alimentação de água ou gás. Pressão muito alta – desligar imediatamente o aquecimento e verificar a causa.

Como indicado em outro capítulo, há uma relação implacável nas caldeiras de vapor saturado entre pressão do vapor dentro da caldeira e a temperatura do vapor. Conhecendo a pressão, sabe-se a temperatura, e conhecendo a temperatura, sabe-se a pressão (ver página 46).

4. Olhar a temperatura de saída dos gases queimados. Registrar os dados e qualquer anomalia, fazer verificações as mais variadas. No caso de temperaturas baixas, o queimador estará queimando? Haverá falta de alimentação de gás?

5. Gases combustíveis no ar? Gases combustíveis não queimados e livres na atmosfera podem explodir. Feche imediatamente a entrada de gases e saia da casa de caldeiras.

O certo seria que o comando de desligamento dos gases estivesse fora da casa de caldeiras e que a casa de caldeiras tivesse excelente ventilação natural.

6. De acordo com as orientações do especialista de tratamento de água, a cada hora, abrir a válvula de descarga de lodo (extração de fundo) da caldeira. A descarga deve durar cerca de cinco a dez segundos.

7. Atenção para os alarmes sonoros.

Atenção: as regras 1, 2 , 3 e 4 são as regras de ouro da operação das caldeiras.

Rotina diária

- verificar o estado das válvulas de segurança das caldeiras. Acionar as válvulas manualmente;
- fazer a drenagem dos indicadores de nível (garrafas de eletrodos);
- testar o alarme de gás. Lembrar que o GLP é mais pesado que o ar atmosférico e, se livre, se acumula perto do chão. O gás natural é mais leve que o ar e sobe para os pontos mais altos da casa de caldeira que deve ser muito bem ventilada com saídas por baixo e por cima;
- correr uma vez por dia toda a linha de vapor, anotando tudo o que esteja ocorrendo e deixar isso por escrito no livro de operação da caldeira. Nada de verbal deve ser comunicado na passagem de turno. Só vale o que está escrito.

Rotina semanal do Seu Chiquino

Todas as *quintas-feiras de manhã* testar todas as válvulas da caldeira e linhas de vapor. Por que às quintas-feiras de manhã? É mais uma regra do Seu Chiquinho, velho e calejado operador de caldeira . Diz ele que nos fins de semana o diabo anda à solta, e, se falhas existirem, devemos descobri-las no *começo do fim de semana*. Se fizermos os testes às sextas-feiras, pode não dar tempo de corrigir.

Rotinas horárias, diárias, mensais, semestrais e anuais da operação de caldeiras

Logo, quinta-feira de manhã é o dia e hora estratégicos.

Se a caldeira for a gás, fazer o teste de detector de vazamento de gás a cada semana.

Rotina mensal

Fazer relatório mensal por escrito ao seu nível superior; pedir para ele assinar que recebeu e guardar, em casa, cópia da via assinada.

Verificar o estado das válvulas de segurança das caldeiras fazendo o teste manual de acionamento (item 13.5.7a da NR 13).

Rotina semestral

Desligar a caldeira, deixá-la esfriar e drená-la; desmontá-la parcialmente, limpar os seus tubos, removendo fuligem e incrustações. Verificar visualmente eventuais corrosões.

Limpar os eletrodos de nível e remover os detritos do fundo da caldeira, usando jato de água com forte velocidade (dito jato de água de alta pressão).

Esvaziar os tanques de condensado e de água quente e limpar interna e externamente; inclusive, limpar as serpentinas.

Rotina anual

Fazer a inspeção anual da caldeira como manda a NR 13. Há interesse que a cada três anos o inspetor da caldeira seja mudado. Vale a regra: vassoura nova, vassoura melhor, ou seja, novos olhos veem melhor velhos problemas.

Arquivar os relatórios fora da casa de caldeiras.

Rotina dos 25 anos

A NR 13 faz prescrições quando uma caldeira chega aos 25 anos.

Nota – Regra do Eng. Armando Fonzari Pera. Teste da lanterna

"Quem mexe com água, se esta passar por um reservatório (que na prática é um decantador), deve uma vez por semana fazer o chamado "teste da lanterna" que, na prática, é o seguinte: à noite, ilumina-se com lanterna potente o fundo do reservatório. Se for visível o fundo, não precisa lavar o reservatório. Se o fundo for invisível, lavar o reservatório.

Não há vapor bom com água ruim.

Notas históricas do uso do vapor – Existem ainda poucos navios movidos por rodas acionadas por vapor, vapor esse oriundo da queima de madeira.

Um caso é o navio turístico "Benjamin Guimarães", cujo equipamento naval é oriundo do Rio Mississipi, nos Estados Unidos (1913). Hoje, no Brasil, ele singra o Rio São Francisco de Pirapora, MG até São Romão, MG. Sua velocidade é de 17 km/h.

Na Alemanha existe um outro navegando no Rio Elba. Seu acionamento também é por vapor de caldeira, queimando madeira que aciona máquinas alternativas.

Navio a vapor "Benjamin Guimarães" acionado por rodas em uso no Rio São Francisco a serviço do turismo (foto presente no site da empresa Paradiso Turismo).

Tipos de manutenção de uma caldeira

(Texto original do Eng. Emilio Paulo Siniscalchi)

A manutenção em geral e a de caldeiras em particular pode ser feita por quatro sistemas:

1. manutenção corretiva
2. manutenção preventiva
3. manutenção sistemática
4. manutenção preditiva

Detalhemos cada uma:

1. Manutenção corretiva

É a manutenção realizada após ter sido apresentado o defeito. Nessa manutenção não se preocupa em apurar as causas do defeito e nem tomar providências de evitá-lo no futuro.

É a mais elementar das manutenções. Seu uso permanente pode gerar paralisações de processos, sem a possibilidade de previsão.

É um tipo de manutenção não adequada, em geral, e não recomendada para uma caldeira de hospital, hotel, indústria ou navio etc.

2. Manutenção preventiva

Baseia-se em informações de durabilidade de equipamentos, materiais e instalações. Têm enorme importância os manuais de operação e a observação dos operadores.

A manutenção preventiva é a mais recomendada para caldeiras de um hospital.

Operação de caldeiras – gerenciamento, controle e manutenção

A manutenção preventiva exige:

2.1 Plano geral de manutenção de equipamentos;

2.2 Plano geral de manutenção de instalações em todos os setores – elétricos, hidráulica etc.;

2.3 Previsão de substituição de máquinas e equipamentos de manutenção anti-econômicos;

2.4 Propostas de melhoria e de racionalização de usos e ou métodos de trabalho;

2.5 Plano de parada de setores, para que a manutenção seja realizada em períodos que prejudiquem menos as atividades;

2.6 Registros dos fatos ocorridos e das providências tomadas (fichas de ocorrência);

2.7 De acordo com 2.5, estudar a possibilidade do preparo de manuais (onerosos) de manutenção.

3. Manutenção sistemática

Substituem-se peças ou equipamentos em tempo ou desgaste inferior a durabilidade prevista pelo fabricante.

É a mais onerosa de todas as manutenções.

4. Manutenção preditiva (que prevê)

Nesse tipo de manutenção se acompanha o controle de tolerâncias, medição de disjuntores, vibrações anormais...).

A grande vantagem desse sistema de manutenção é que os equipamentos não chegam a ser danificados, e os períodos de verificação podem ser aumentados.

Converse com o fabricante de sua caldeira para ver qual a manutenção ideal que ele recomenda e siga rigorosamente.

A manutenção preditiva necessita de levantamentos estatísticos confiáveis.

Materiais de construção das caldeiras e linhas de vapor

Informações sumárias e didáticas sobre os materiais de construção das caldeiras, seus periféricos e linhas de vapor recolhidos em catálogos, livros e publicações:

1. Chaparia da caldeira – aço-carbono laminado a frio, tratamento anticorrosivo e pintura de acabamento com duas demãos de esmalte sintético.

   A chaparia deve atender às normas da American Society of Testing Materials (ASTM).

   Exemplo: chapas de aço com qualificação SA-285 Gr C ou SA-515-Gr 60.

2. Tubos internos da caldeira – tubos de aço ASTM A-178 *schedule* (espessura) 40, sem costura, aço galvanizado ou inox. Normalmente, os tubos têm diâmetro de 50 mm (2″), para permitir sua limpeza da ferrugem que costuma acumular.

3. Isolamento da chaparia da caldeira com lã de vidro – espessura 50 mm (2″).

4. Tubos de vapor – de aço comum ou cobre ou aço inox. Qualquer um deles com camada de lã de vidro como isolante térmico revestido com chapas de alumínio. A escolha entre esses três materiais é governada pelo fato de o tubo de aço ser o mais barato que os outros dois, e o de cobre mais barato que o de aço inox. Certos ambientes de uso de vapor podem exigir ou tubo de cobre ou tubo de aço inox.

5. Materiais em geral.

O texto a seguir é para os leitores sem conhecimento de construções mecânicas.

134 Operação de caldeiras – gerenciamento, controle e manutenção

Nota – Liga: material visivelmente homogêneo, de dois ou mais componentes, dos quais um dos componentes (principal) é um metal.

Material	Explicação sumaríssima de sua composição
Aço	Liga de ferro com baixo teor de carbono.
Ferro	Ferro sem limitações de teor de carbono. Tem maior resistência à corrosão que o aço e tem menor resistência a esforços que o aço.
Latão	Liga de cobre e zinco. Material de baixa resistência, mas grande facilidade de moldagem e trabalho. Tem como característica a cor amarela.
Bronze	Liga de cobre e estanho. Antecedeu ao ferro como o metal de maior uso no mundo.
Aço inoxidável	Liga de aço com alto teor de cromo. Tem grande resistência à corrosão. É caro.
Alumínio	Menor resistência que o aço, mas tem grande resistência à corrosão atmosférica.
Ferro (aço) galvanizado	Aço que sofreu banho galvânico para aumentar a resistência à corrosão. Foi o tipo de material de tubos mais usados até os anos 1970 em instalações hidráulicas prediais e industriais.
Cobre	Liga onde esse material é o principal componente.
Ferro-gusa	Ferro bem impuro.
Ferro doce	Ferro bem puro.
Folha de flandes	Liga de ferro e estanho.
Ferro forjado	Ferro puro com pouca escória.

Outros materiais não metálicos

Esses são tipos de plásticos que só devem ser usados em água fria	
PVC	PVC - polietileno de vinila
PP	PP- polipropileno
PEAD	PEAD- polietileno de alta densidade
PE	PE- polietileno

O plástico PPR – Polipropileno Copolímero Random pode ser usado como material da tubulação de água quente em instalações prediais.

Nota – A indicação "aço" apenas indica uma enorme família de produtos com ferro e pouco carbono. A partir do aço acrescentam-se em pequenas quantidades outros produtos ou se dão tratamentos térmicos aos aços, nascendo uma enorme variedade de produtos com características próprias úteis para fins específicos.

A entidade americana ASTM estabeleceu critérios de produção e classificação de aços, como sejam:

Classe	Graus típicos
Mín. 165 MPa	ASTM A 285 A
Mín. 220 MPa	ASTM A 516 60

Exemplo: uma especificação de uso de tubo de aço para retorno de condensado previu o uso de tubos e conexões de aço A-53 diâmetro 3/4" *schedule* 40 S/C. Na montagem da linha, usar roscas NPT e soldagem elétrica com eletrodo revestido.

6. Cores das tubulações

    Para rápida comunicação visual, devemos usar cores nas tubulações industriais expostas.
    - vermelho – água de combate a incêndio;
    - amarelo – gases não liquefeitos (ex. GLP);
    - verde colonial – água;
    - azul-faiança – ar comprimido;
    - vermelho e branco – vapor superaquecido;
    - cinza-claro – vácuo.

    Nota – Regra geral, vermelho é sinônimo de calor, e azul, de resfriamento (frio).

7. Juntas de expansão – são peças que, colocadas nas linhas, podem absorver com mínimos problemas os efeitos de dilatação ou de pequenos movimentos da tubulação. Com isso, as tubulações deixam de ser rígidas, ganhando flexibilidade.

Juntas de expansão

8. Diâmetros mínimos das linhas de vapor e das linhas de condensado

    Como visto, as linhas de vapor ou de condensado são sempre metálicas, face à alta temperatura do vapor e costumam ser de:
    - aço galvanizado
    - cobre
    - aço inox

Na maior parte das vezes e se o uso do vapor não tem maiores exigências, a linha de vapor e de condensado é de aço galvanizado, o mais barato dos tubos metálicos.

Vejamos agora os diâmetros mínimos que a prática indicou para o uso dos tubos.

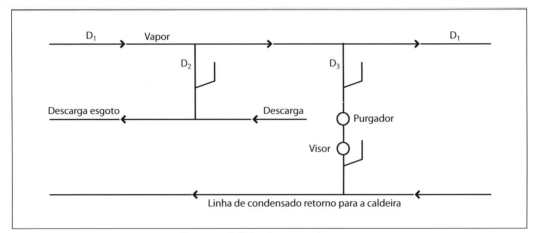

Esquema da linha de retorno de vapor

D1 – (linha principal de vapor) mínimo 2", e máximo, sem limites, dependendo da vazão de vapor a transportar.
D2 – (descarga – uso não contínuo). Usar 3/4" ou 1", podendo chegar a 2".
D3 – (tubo de coleta do condensado). Função do diâmetro da linha de vapor a drenar. Mínimo de 1/2".

Notar que sempre o diâmetro do purgador e tubos e peças a ele ligados são de 3/4", independentemente do diâmetro principal do vapor.

Detalhes de outras peças

Filtro Y – peça que procura retirar do vapor minúsculos pedaços de metal ou partes das soldas ou pedaços da carcaça e, com isso, protegendo a vida do purgador, que tem pequenas passagens que poderiam ser entupidas.

Filtro Y

Eliminador de vapor – peças que permitem a captura e expulsão de gases que não vapor (ar atmosférico, como exemplo). Isso minimiza os golpes de aríete e melhora a qualidade do vapor.

Eliminador de vapor

Válvulas de segurança – exemplo de cálculo simplificado

A grande variável de operação e de segurança de uma caldeira é manter sua pressão dentro de limites máximos e mínimos.

A caldeira precisa ter uma pressão maior que a pressão mínima para que o vapor produzido:

- chegue nos pontos desejados, via linhas de vapor;
- chegue nos pontos na quantidade desejada;
- chegue nas temperaturas desejadas.

Válvula de segurança

138 Operação de caldeiras – gerenciamento, controle e manutenção

A caldeira precisa ter uma limitação de **pressão máxima,** pois se ela ultrapassar certos valores, a estrutura de chaparia da caldeira pode se romper e, além de liberar água quente e vapor com temperatura extremamente alta, haverá uma explosão local com enorme energia destruindo pessoas e edifícios.

Não é só a pressão que pode gerar explosões. Erros de projeto, levando ao uso de chapas inadequadas, e corrosão de chapas podem fazer com que a caldeira chegue à explosão com pressões menores que as previstas.

Acumulação de gases combustíveis não queimados e sem ligar o queimador pode explodir tudo ao ligar um aparelho elétrico, pois nessa ligação sempre ocorre uma minifagulha na partida elétrica.

Como exposto, a limitação da pressão de trabalho da caldeira é um dos fatores de segurança.

Para se limitar a pressão de trabalho de uma caldeira, usa-se:

- medidor de pressão e acionamento automático;
- válvulas de segurança que liberam vapor se a pressão do vapor dentro da caldeira chegar a valor-limite;
- outros procedimentos e equipamentos.

Vejamos o que são e como funcionam algumas válvulas de segurança.

São equipamentos mecânicos que, por sistema de molas, liberam o vapor após a pressão chegar a valor-limite para o qual a válvula foi construída e calibrada, uma a uma. Normalmente, a caldeira tem duas válvulas de segurança iguais, ou seja, as duas devem liberar vapor (com diminuição consequente da pressão da caldeira) quando a pressão ultrapassar a PMTA (pressão máxima de trabalho admissível) fixada pelo fabricante da caldeira e para a qual as válvulas foram calibradas.

Voltemos à analogia da caldeira com a panela de pressão residencial.

A panela de pressão domiciliar (algumas delas) tem, como uma caldeira, duas válvulas de segurança a saber:

- válvula de alívio (peso) – válvula de alívio (peso) em que a válvula voa quando seu peso é suplantado pela força do vapor em seu corpo;
- válvula de sacrifício de material sintético que rompe quando a pressão chega a um valor-limite.

Vejamos de forma extremamente simplificada, mas conceitual, como se pode dimensionar uma válvula de alívio (peso).

Seja uma panela de pressão com pressão limite de 3 kgf/cm^2 (30 metros de coluna de água), com uma válvula de alívio (peso) com diâmetro de 2 mm na sua haste.

Digamos que o vapor chegou na panela de pressão ao seu valor-limite (pressão de 3 kgf/cm^2).

Como o diâmetro interno da haste é de 2 mm sua área será de:

$$\varnothing\,2\text{ mm}\quad S = \frac{\neq d^2}{4} = \frac{3{,}14}{4} \times 0{,}2^2 \text{ cm}^2 = 0{,}0314 \text{ cm}^2$$

Logo, a válvula de segurança deve ter um peso de, no máximo, 90 g. Aumentar o peso da válvula diminui a segurança.

Nota – Como o principal critério do dimensionamento das válvulas de segurança é a pressão interna da caldeira e como o mercado fornecedor das caldeiras as oferecem com a mesma pressão interna, conclui-se que o tamanho das válvulas de segurança não deve variar, mesmo que varie o tamanho das caldeiras. Vejamos um caso real de um fabricante de caldeiras. Mesmo variando a capacidade (e, portanto, o tamanho das caldeiras), o tamanho das válvulas não varia. Vejamos do catálogo desse fabricante:

Tabela de válvulas de segurança						
Capacidade da caldeira kg/h	330	500	660	880	1.100	1650
Diâmetro da válvula de segurança (polegadas)	1 1/4	1 1/4	1 1/4	1 1/4	1 1/4	1 1/4

Nota – Normalmente, e por segurança, cada caldeira tem duas válvulas de segurança, cada uma suficiente por si.

Toda válvula de segurança deve ser "regulada e calibrada" para a pressão de trabalho (Pressão Máxima de Trabalho Admissível – PMTA, na linguagem da NR 13).

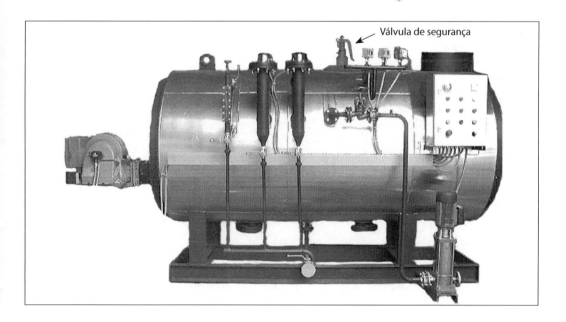

Localização da válvula de segurança na caldeira

Página para anotações

Formando o futuro operador de caldeira

A NR 13 fixa que os operadores de caldeira devem ter um curso sobre técnicas de uso desse equipamento. As mais conhecidas entidades que dão esses cursos são:
- Serviço Nacional de Aprendizagem Industrial (Senai)
- Fundação Jorge Duprat de Segurança e Medicina do Trabalho (Fundacentro)
- Instituto Brasileiro de Petróleo e Gás (IBP)

Vamos rever sumariamente o significado dos títulos dos assuntos desses cursos padronizados e exigidos pela NR 13.

Recordemos.

1. Estados de um corpo

Estado sólido. O corpo tem forma e volume definido, como, por exemplo, uma barra de manteiga à temperatura ambiente.

Se pusermos uma barra de manteiga num recipiente (panela), a forma e o volume da barra de manteiga não se alteram.

Estado líquido, como a água. Ao se encher um recipiente com água, o volume da água é sempre o mesmo, mas a forma da água depende do recipiente. Um vasilhame de um litro de guaraná tem sempre um litro desse líquido, mas se pusermos o refrigerante em uma panela, a forma do refrigerante é uma, e se pusermos a mesma quantidade de guaraná em uma garrafa, o refrigerante terá outra forma, mas sempre com um litro de volume.

142 Operação de caldeiras – gerenciamento, controle e manutenção

Estado gasoso (o vapor é um gás). Adquire o volume e a forma do recipiente. A fumaça de um cigarro colocada em um frasco de vidro com 0,5 litros ocupará totalmente esse recipiente e ficará com a forma deste. Se colocarmos a mesma quantidade de fumaça em um frasco de vidro com 3 litros, a fumaça ocupará totalmente esse recipiente e ficará com a forma e o volume deste.

Nota – O vapor é chamado, na Física, de falso gás, mas no nível deste curso podemos chamar e classificar o vapor como gás.

2. Pressão atmosférica

É a pressão da atmosfera sobre a terra. Claro que ao nível do mar temos mais peso de ar do que no alto de uma enorme montanha.

Como a pressão atmosférica atua sobre tudo, por estarmos habituados, não a sentimos, só a sentimos quando produzimos vácuo num sistema.

Pressão interna de um vaso – é a pressão que o manômetro mede, ou seja, é uma pressão acima da pressão atmosférica.

3. Pressão manométrica

É a pressão medida em um manômetro.

4. Pressão relativa

É a pressão medida em um manômetro, portanto, pressão manométrica. Não leva em conta a pressão atmosférica.

5. Pressão absoluta

É a soma da pressão atmosférica com a pressão manométrica.

6. Unidades de pressão

As pressões podem ser medidas em várias unidades, como atmosfera, kgf/cm^2, bar, psi. São formas diferentes de exprimir a mesma pressão.

É como medir uma distância em metros ou quilômetros. Assim, uma casa dista da igreja 840 m ou 0, 84 km.

7. Calor

Mede a quantidade de energia térmica de um corpo. A unidade é caloria.

8. Temperatura

Mede o grau de agitação das moléculas de um corpo, lembrando que um corpo com, por exemplo, 84 °C sempre receberá calor de um corpo com 91 °C e nunca ao contrário. A unidade do sistema métrico para a temperatura é o Grau °C (Celsius). Nos países de língua inglesa é o Grau °F (Fahrenheit).

9. Modos de transferência de calor

O calor se transfere por "irradiação" (calor do Sol que chega à Terra), por "convecção" (aumento da temperatura de um quarto se nele estiver uma chaleira com água quente) ou por "condução", como o aquecimento de uma panela pela passagem, por ela, de gases quentes provenientes da queima de um combustível (fogão domiciliar).

10. Tipos de calor

Seja uma panela com água a 20 °C sendo esquentada em um fogão. Com a passagem dos gases quentes produzidos na queima do combustível (GLP ou lenha, por exemplo), tem sua temperatura aumentada até próximo de 100 °C. Essa mudança de temperatura da água foi decorrente de receber um tipo de calor dos gases denominado **calor sensível**. O calor denominado de sensível aumenta a temperatura do corpo. Quando chegamos a 100 °C, o calor cedido pelos gases quentes não mais aumenta a temperatura da água, e, sim, faz com que a água ferva e passe do estado líquido para o estado gasoso. Esse tipo de calor que não aumenta a temperatura, mas faz uma mudança de estado, chama-se **calor latente**. Nas mudanças de estado ocorre, portanto, uma transformação a temperatura constante.

11. Vapor

É a água que mudou do estado líquido para o estado gasoso, face ao acréscimo de temperatura. O vapor é a forma gasosa da água. O gelo é a forma sólida da água.

O vapor é invisível.

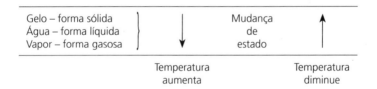

12. Vapor saturado

É o vapor produzido nas caldeiras comuns, onde coexistem na câmara de pressão água e vapor. O vapor que sai da caldeira sai sempre com um pouco de água. Tem temperaturas da ordem de 150 °C.

13 Vapor superaquecido

É o vapor saturado que foi superaquecido em caldeiras especiais. O vapor superaquecido é usado em equipamentos muito especializados, como turbinas etc. Sua temperatura excede a 250 °C.

14. Caldeiras fogotubulares, as mais comuns das caldeiras

Os gases quentes resultantes da queima de combustíveis passam por tubos imersos na água da caldeira.

144 Operação de caldeiras – gerenciamento, controle e manutenção

15. Caldeiras aguatubulares

A água a ser transformada em vapor passa entre serpentinas aquecidas pelos gases quentes da combustão do combustível. É uma caldeira vocacionada para grandes vazões e grandes pressões e para gerar vapor superaquecido.

Conforme o tipo de combustível, as caldeiras podem ser de combustíveis sólidos (madeira, cavacos, bagaço de cana) ou de combustíveis líquidos, como o óleo diesel, óleo BPF, caldeiras a gás, como o GLP, ou gás natural. Existem também as caldeiras movidas a eletricidade e a fissão nuclear.

16. Queimadores

Para queimar combustíveis gasosos, líquidos e sólidos, as caldeiras precisam de queimadores, ou seja, dispositivos como fogões, onde existem um faiscador e condições de queima adequadas. Nos queimadores pode existir insuflação de ar para melhorar a condição de queima. É a mesma condição de abanarmos uma fogueira para o "fogo pegar". A fogueira é um queimador de lenha.

17. Dispositivos de alimentação

Temos bombas para injetar água na caldeira, temos o sistema de alimentação de gases (ou outro combustível).

18. Os sistemas de controle de nível

São os sistemas que fazem o nível de água dentro da caldeira ficar acima de um mínimo (regra de segurança) e dentro de um máximo.

O sistema de controle de pressão evita que a pressão dentro da caldeira ultrapasse um valor-limite.

19. Dispositivo de segurança

São, por exemplo, os pressostatos que desligam a queima de gases quando a pressão do vapor dentro da caldeira alcança o valor-limite superior. Válvulas de segurança que liberam vapor quando a pressão ultrapassa determinado valor são outros exemplos.

20. Tiragem de fumaça

É a saída de gases quentes produzidos pela combustão do combustível. Na tiragem de gases deve haver um termômetro para saber a temperatura dos gases. Se a temperatura for baixa, a queima do combustível está fora da faixa ótima.

21. Tratamento da água

Mesmo as águas potáveis podem deixar acumular produtos dentro da caldeira e, com o tempo, esses produtos podem levar a caldeira a explodir ou, no mínimo, podem diminuir a eficiência da caldeira (tuberculização e ou corrosão). O tratamento da água pode ser externo à caldeira (casos de grandes caldeiras) ou interno. Esse tratamento é muito importante e está previsto na NR 13.

22. NR 13

Norma oficial do Ministério do Estado do Trabalho e que regulamenta a operação das caldeiras em todo o país. Ela está na íntegra em outro item a seguir deste livro.

Nota – NR 13 é uma norma oficial só para operação de caldeiras. Para projeto e fabricação de caldeiras, ver normas da Associação Brasileira de Normas Técnicas (ABNT) e American Society of Mechanical Engineers (ASME).

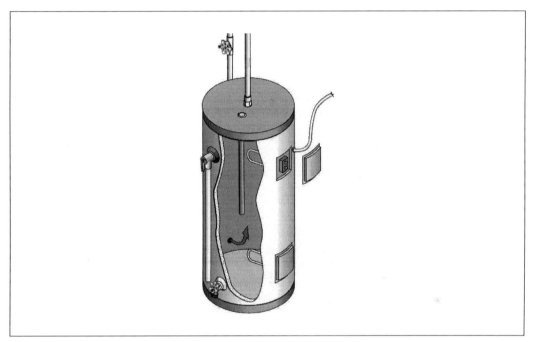

Caldeira elétrica de eixo vertical, não tem queimadores

Página para anotações

Explicando tim-tim por tim-tim o catálogo técnico comercial de um fabricante de caldeiras

Vejamos uma proposta técnica e comercial de venda de uma nova caldeira. O texto da proposta está em itálico (letra inclinada) e negrito.

Caldeira geradora de vapor saturado, automática, cilíndrica horizontal, com três passes de gases, fabricada de acordo com as normas da ABNT e ASME, com as seguintes características básicas.

Fotografia de uma caldeira

148 Operação de caldeiras – gerenciamento, controle e manutenção

Trata-se de uma caldeira fogotubular fabricada de acordo com as normas da ABNT e a norma americana da ASME.

Tabela de características técnicas		
Especificações	Valor	Unidade
1 Produção de vapor com água a 20 °C[*]	500	kg/h
2 Produção de vapor com água a 80 °C[*]	550	kg/h
3 Capacidade térmica nominal	320.000	kcal/h
4 Superfície de aquecimento	18	m2
5 Tipo de combustível	GLP	
6 Consumo máximo de combustível	35	kg/h
7 Tensão de comando	220	Volts monofásico
8 Tensão de operação	220	Volts trifásico
9 Pressão máxima de serviço	8	kgf/cm^2
10 Pressão de teste hidrostático	12	kgf/cm^2
11 Rendimento térmico	83	%
12 Tiragem de combustão	Forçada	

[*] A temperatura é a da água entrando na caldeira.

Vamos explicar:

1. Essa é a produção de vapor normal da caldeira (500 kg/h) se a água de alimentação for a 20 °C. Sabemos que a água de alimentação não deve ser de 20 °C, pois, se isso acontecer, poderá haver choque térmico se a caldeira estiver quente. Todavia, como a temperatura de alimentação de água pode ser variável e isso influencia o funcionamento da caldeira, fez-se a hipótese de água de alimentação a 20 °C, que é a temperatura média do ambiente.

2. Notar que a produção de vapor da caldeira aumenta (de 500 para 550 kg/h) quando a temperatura de alimentação da água alcança a temperatura desejável de 80 °C.

3. A capacidade de aquecimento da água gerando vapor dessa caldeira ofertada é de 320.000 kcal/h.

4. Superfície de aquecimento – é a área de tubos por onde passam os vapores resultantes da queima do combustível GLP (gás liquefeito de petróleo).

5. O combustível, neste caso, é o gás liquefeito de petróleo GLP.

6. Consumo máximo de combustível; operando a caldeira em condições normais (gerando 550 kg/h de vapor, o consumo de combustível é de 35 kg/h).

7. Tensão de comando – é a tensão elétrica dos sistemas de comando.

8. Tensão de operação – é a tensão elétrica de todos os equipamentos maiores do sistema, como, por exemplo, motores das bombas.

9. Se a pressão máxima de serviço é de 8 kgf/cm^2, esta deverá ser a máxima pressão a se ver no manômetro da caldeira. Passando disso, as válvulas de segurança e todo o sistema de segurança devem desligar o sistema de alimentação e aquecimento de gases, e o alarme sonoro da caldeira deve avisar.

10. Pressão em teste hidrostático (a frio) – 12 kgf/cm^2. O cilindro de aço da caldeira deve ter sido testado com água à temperatura normal (20 °C) e a uma pressão de 12 kgf/cm^2, ou seja, com 50% de folga em relação à pressão de trabalho (1,5 vez a pressão de trabalho).

11. Rendimento térmico – a relação entre a potência térmica que o vapor tem em relação à potência térmica dos gases queimados. Esse valor sempre é inferior a um (em geral em porcentagem %).

12. Tiragem de combustão – forçada. Isso quer dizer que existe um insuflador de ar para melhorar a combustão do gás GLP. A tiragem, face a comandos automáticos, começa a funcionar minutos antes da entrada de gases e continua a funcionar minutos depois do desligamento da alimentação de gases (para eliminar gases residuais. Tem semelhança com a ventoinha de certos carros que ao desligar o motor continua a funcionar por alguns minutos para resfriar o motor com maior presteza (menos tempo) em relação ao tempo de resfriamento ao natural.

Página para anotações

Tipos de bombas para vapor

Nos sistemas de vapor usam-se bombas para:
1. Encher a caldeira com água (água quente na operação normal, e água fria, quando da partida da caldeira, e esta também está fria).
2. Para retorno de condensado, que é, na prática, água quente de volta para a caldeira.

Para esses dois usos, utilizam-se os seguintes tipos de bombas:
- bombas-centrífugas acionadas por motor elétrico, por exemplo, para transferir água do tanque de condensado para a caldeira;
- no caso de retorno de condensado, podem-se utilizar (somente nesse caso) bombas acionadas por ar comprimido ou outros gases internos com pressão. Esses tipos de acionamentos são muito úteis em locais com risco de explosão. Lembremos que as bombas acionadas com motor elétrico sempre geram, na partida, pequenas fagulhas elétricas, muito perigosas em áreas com gases combustíveis.
- turbobombas, no caso de navios.

O trabalho com água quente é um fator de corrosão das partes internas da bomba. É a chamada cavitação (erosão hidráulica), que consegue corroer o aço das bombas. Não há como evitar essa corrosão, restando a técnica de refazer a parte destruída. Cuidados na fase de projeto podem acautelar a ocorrência do fenômeno.

Página para anotações

Relatórios sobre o estado de caldeiras e seus sistemas de vapor

Caso 1 – Caso de um hospital

Vejamos o relatório de um engenheiro inspetor sobre um sistema de vapor:

- nas linhas de vapor há grandes perdas de vapor ao longo das linhas;
- a válvula de esfera instalada após o purgador termodinâmico está com defeito de instalação e libera vapor. Recomendação: trocar a válvula;
- para melhorar o rendimento do secador é necessário drenagem individual no radiador com purgador de boia com descarga contínua;
- na cozinha, falta purgador termodinâmico no ponto mais baixo após a segunda estação redutora de pressão;
- no trocador de calor, o purgador original foi trocado e o colocado no local não é adequado para aplicação. Usar tipo boia com descarga contínua;
- recomendamos instalação de eliminador de ar no final da rede da lavanderia para eliminar ar e gases incondensáveis;
- vazamento de vapor – há vários. Como dizem os livros, um simples furo de 3 mm a uma pressão de 7 kgf/cm^2 perde 25 kg/h de vapor;
- todo o condensado deve voltar para o circuito de vapor. Dizem os livros que basta aumentar de 5% da temperatura que alimenta a caldeira que haverá 1% de economia em energia;
- os panelões da cozinha estão desperdiçando vapor, face a falhas de instalação das linhas de vapor.

154 Operação de caldeiras – gerenciamento, controle e manutenção

Caso 2 – A caldeira de um velho hotel

Recomendações específicas:

- limpar os eletrodos de nível a cada seis meses ou quando houver necessidade;
- fazer a descarga (extração) de fundo do indicador de nível e dreno da caldeira durante um período de 8,0 horas e drenar, no mínimo, três vezes;
- fazer revisão no queimador e limpeza a cada três meses ou quando houver necessidade;
- aferir manômetro e outros aparelhos de medição a cada seis meses ou quando houver necessidade;
- as válvulas de segurança devem ser testadas manualmente a cada quinze dias;
- instalar detector de vazamentos de gás imediatamente pois não há esse aparelho;
- deve ser instalado um termômetro na chaminé de saída de gases com escala de 0 °C a 500 °C;
- deve ser trocada a válvula de retenção na rede de vapor. A existente libera vapor;
- o alarme sonoro e visual operacionais deve ser instalado;
- a linha de vapor está muito rígida e, com a temperatura, ela pode se romper. Instalar juntas de expansão ou fazer curvas para dar maior flexibilidade à linha (curvas em "U";
- limpar o queimador, pois o operador avisou no relatório que faz mais de um ano que os bicos foram limpos.

Caso 3 – A caldeira de uma recauchutadora de pneus

Foram detectadas as falhas seguintes:

- o operador não tem curso de operador de caldeiras;
- quando falta água da concessionária, pega-se água sem tratamento de uma lagoa;
- ao abrir para inspecionar o pressostato e a garrafa de eletrodos (comando da caldeira), detectamos terra, que inviabiliza o funcionamento dessas partes;
- os manômetros da caldeira estão sem regulagem faz mais de dois anos;
- não foi localizado o manual de operação da caldeira e o fabricante não existe mais.

Recomendamos parar de imediato a caldeira até a correção plena dos defeitos.

Caso 4 – O tanque de condensado de uma caldeira de uma indústria de papel

O tanque de condensado está subdimensionado, exigindo descarte parcial do condensado. Sugere-se um redimensionamento do sistema e com o aumento da capacidade do tanque existente. Com isso, deixar-se-á de jogar condensado no esgoto que, inclusive, está atacando a tubulação (do esgoto) face à grande vazão e temperatura do condensado.

Caso 5 – Tubulação de descarga com vazamento

A tubulação de descarga de uma caldeira estava cheia de orifícios provenientes de corrosão, e quando acontecia a horária descarga (extração) de lama do fundo da caldeira, a casa da caldeira se enchia de vapor que saía da linha, face aos orifícios na parede próxima, no piso e até talvez no operador.

Recomendação: trocar a canalização de descarga.

Caso 6 – Relatório crítico sobre o estado e projeto das caldeiras de um hotel

Um especialista visitou algumas caldeiras de um hotel e fez os seguintes comentários sobre as mesmas:

- Falta plaqueta metálica por caldeira de indicação informando quando foi feita a última inspeção anual, quem a fez e endereço de contato rápido com essa empresa, em caso de emergência e ou falha.

- Falta na caldeira uma inspeção por baixo, pois ela só tem uma inspeção por cima. Como o fenômeno da incrustação ocorre mais nas partes baixas da caldeira e uma inspeção e visualização pela janela de inspeção de cima (manhole)[*] é difícil, face à existência dos tubos de passagem de água, a realização de uma inspeção por baixo ajudaria muito a inspeção periódica da caldeira.

- O especialista detectou que em alguns locais a caldeira estava com sinais de amassamento, face ao apoio de operadores que a inspecionavam. Propôs a construção de uma estrutura metálica removível, para acesso à inspeção superior, sem que o operador se apoie no corpo da caldeira.

- Os gases queimados expelidos da caldeira poderiam ser recirculados ajudando a esquentar a água fria que alimenta a caldeira.

- A válvula de descarga (extração) de fundo deveria ser duplicada, pois, ao se dar a descarga de lodo, este não se encaminha "obediente" para essa única descarga. Com unicamente uma única descarga geram-se pontos mortos de saída de lodo e, com isso, ele se acumula; dessa forma, o processo de descarte fica prejudicado e parte da capacidade da caldeira fica com lodo e não com água, diminuindo a capacidade de produção da caldeira.

- O distribuidor de vapor (chamado de coletor ou *manifold*), peça onde chega o vapor e de onde saem as linhas de vapor, é um vaso de pressão e precisa ter uma válvula de segurança.

- Falta iluminação de emergência, podendo ser simplesmente uma fiação que alimente lâmpada de inspeção devidamente protegida por tela de borracha, para evitar choques à lâmpada e ligado ao sistema com gerador de emergência.

- Falta um comando à distância do sistema de alimentação de GLP, necessário no caso de um vazamento de gás.

---

[*] Manhole – janela de inspeção.

Página para anotações

Caldeira desativada – cuidados de manutenção

Uma caldeira sem uso há tempo e sem previsão de uso a médio prazo pode ser chamada de *caldeira desativada*. Se temos idéia de continuar com seu uso no futuro, devemos preservá-la.

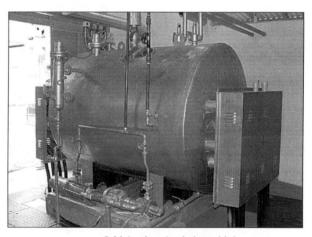

Caldeira desativada (*stand-by*)

Os cuidados para bem manter uma caldeira desativada, além dos cuidados previstos na NR 13, são:
- limpar a caldeira retirando crostas de corrosão;
- manter a caldeira "**cheia de água até ao máximo**" (proteção úmida);
- a água dentro da caldeira deve estar sem oxigênio dissolvido, e consegue-se isso aplicando bissulfito de sódio, que é um produto redutor e elimina o oxigênio dissolvido que é oxidante (corrosivo aos metais);

- devemos alcalinizar a água da caldeira com cal até chegar à zona alcalina de pH próximo de 11.

Quando formos reativar a caldeira, a NR 13 estabelece critérios. Segui-los.

Há também técnicas opostas à proteção úmida e conhecidas como "proteção seca". Nesse caso, a caldeira vazia é totalmente seca; recebe, então, produtos que se volatilizam (viram gases) e a protegem. A técnica exige grandes cuidados, pois os vapores dessa técnica protegem a caldeira e não os aplicadores (seres humanos) desses produtos.

Relatórios de operação

Junto à casa de caldeiras deve existir um caderno de capa dura (para proteção) e com folhas numeradas.[*]

Nesse livro, devem constar escritos a mão pelo operador os dados a seguir:

- data;
- nome do operador;
- horário coberto pelo operador ou turno;
- ocorrências no período coberto pelo operador.

Uma das primeiras providências de quem assume cada turno é olhar o caderno para ver as anotações de quem foi o responsável pelo turno que se encerrou.

O superior hierárquico deve vistar o livro a cada semana.

Anexamos um exemplar recolhido junto ao setor de operação de um grande hotel.

---

[*] Seguramente, isso evoluirá para sistemas computacionais de medição e registro, mas, neste ano de 2011, o sistema mais comum é o tradicional sistema de anotação em um caderno.

160 Operação de caldeiras – gerenciamento, controle e manutenção

FOLHA DE OPERAÇÃO DAS CALDEIRAS
Equipamento: Caldeiras 01( ) 02 ( )
( ) hora em hora – ( ) de duas em duas horas – ( ) diário – ( ) de dois em dois dias
( ) semanal – ( ) quinzenal – ( ) mensal – ( ) outros
Data_____/_____/_____

SERVIÇOS EXECUTADOS

Serviços	Período	OK	Executar serviços
01 - Descarga de fundo da caldeira de 10 segundos	2 H	[ ]	[ ]
02 - Descarga da coluna de nível	D	[ ]	[ ]
03 - Drenar válvula de segurança	2D	[ ]	[ ]
04 - Verificar óleo do compressor da caldeira	D	[ ]	[ ]
05 - Verificar óleo do compressor da autoclave	D	[ ]	[ ]
06 - Verificar lâmpadas queimadas de sinalização	D	[ ]	[ ]
07 - Verificar pressão dos cilindros de GLP em kgf/cm^2	D	[ ]	[ ]
08 - Verificar % dos cilindros de GLP às 6:45 h	D	[ ]	[ ]
09 - Verificar hidrômetro de água da concessionária às 7:15 h	D	[ ]	[ ]
10 - Verificar pressão das caldeiras em kgf/cm^2	H	[ ]	[ ]
11 - Verificar termômetro da água de condensado °C	H	[ ]	[ ]
12 - Verificar termômetro da água quente °C	H	[ ]	[ ]
13 - Verificar temperatura das chaminés	H	[ ]	[ ]

CONDIÇÕES DE FUNCIONAMENTO

Item	19:30	21:00	22:30	00:00	01:30	03:00	04:30	06:00
01								
02								
03								
04								
05								
06								
07								
08								
09								
10								
11								
12								
13								

Observações:_____
_____
_____
_____
_____
_____

Operador: Supervisor: Gerente:

Casos de acidentes usando caldeiras – excesso de pressão, erro na partida, danos por corrosão à estrutura de aço da caldeira e outros

Vamos contar casos de acidentes usando caldeiras. Espera-se que, com isso, se mostre ao leitor a importância dos cuidados de segurança no uso de caldeiras.

Caso 1 – Explosão de caldeira face a excesso de pressão

Uma caldeira de *comando manual* estava sob a operação de um funcionário não habilitado. Nesse dia, o operador faltou e pediu que um auxiliar tomasse conta da caldeira. Avisou apenas que era para olhar a pressão e o nível de água da caldeira. O auxiliar olhava mas não tinha a noção de que era importante desligar a caldeira se o nível da pressão subisse acima de um certo valor. Nesse dia, o motor da bomba deu problema, e faltou água de alimentação e, com isso, acabou a água na fase líquida dentro da caldeira. Como toda a água dentro da caldeira (vapor) e como o aquecimento continuava, a pressão dentro da caldeira começou a aumentar perigosamente. Se existisse automatismo, o sistema desligaria (esperamos todos) por excesso de pressão. Mas a caldeira era de comando manual. Restava agora a atuação das duas válvulas de segurança que deveriam atuar face ao excesso de pressão. Só que as duas válvulas de segurança estavam sem manutenção há anos e, com isso, elas não funcionavam mais. Com tudo isso, a pressão chegou a níveis insuportáveis e a caldeira explodiu. Danos físicos a pessoas e ao patrimônio.

162 Operação de caldeiras – gerenciamento, controle e manutenção

Caso 2 – Desastre por excesso de gases combustíveis

No mundo das caldeiras, nem sempre o acidente é o caso de explosão da caldeira por excesso de pressão. Há outros tipos de acidentes. Vamos a um deles.

Uma caldeira de comando manual estava com problemas no seu acendedor (faiscador). Como se sabe, na partida de um fogão, primeiro se liga um fósforo com sua chama e depois se abre a torneira do gás. Na caldeira, o mesmo. Primeiro deve-se ligar um acendedor e depois se libera a alimentação plena do gás combustível. Vejamos como aconteceu neste caso de desastre. O operador ligou a entrada de gás combustível e depois foi ligar o acendedor. Porém, o acendedor apresentou problemas e não ligava. Desatento, o operador conversava com um terceiro, e o gás combustível, sem queimar, ia se acumulando no ambiente. O operador não percebeu, mas passaram-se mais de dois minutos nessa situação e só então o acendedor forneceu a desejada chama que inicia o processo de combustão. A faísca encontrou uma enorme quantidade de gás liberado e explodiu, causando queimaduras ao operador.

Caso 3 – Explosão por problema de corrosão

Uma caldeira não sofria a devida manutenção, estando com problemas de corrosão. Achava o dono da caldeira que a água da caldeira era potável e, portanto, não precisava de tratamento. A inspeção anual era feita de forma não responsável e, com isso, a corrosão dentro da caldeira avançava, face a não remoção de sólidos dissolvidos da água da caldeira. A formação de incrustações gerava tensões térmicas, e a corrosão (por falta de tratamento de água) diminuía a resistência da chaparia. Num momento de trabalho, quando a pressão estava alta, mas menor que a pressão limite, que levaria ao acionamento das válvulas de segurança, a caldeira explodiu.

Caso 4 – Queimaduras

O corpo principal da caldeira horizontal (charuto) está sempre protegido termicamente por isolamento. As razões disso são: proteção contra exagerada perda de calor e proteção para o operador. Todavia, um dia, um eletricista ao trocar uma lâmpada caiu em cima de uma porta de inspeção da caldeira que não tinha a proteção térmica. A porta de inspeção era na parte superior do charuto. O eletricista se queimou com o contato de sua pele com a temperatura da porta de inspeção.

Caso 5 – Embriaguez com o CO_2 (gás carbônico)

Aconteceu nos anos 1950. Uma velha caldeira existia num sítio no sul de Minas Gerais e sua função era ajudar a produzir aguardente e produtos ligados à cana (rapadura). Quem operava a caldeira era o filho do sitiante. A casa da caldeira tinha várias falhas e uma delas era a total falta de ventilação. Cabia ao filho do sitiante a cada seis meses desmontar a caldeira e limpar com ácido (limpeza química) os seus tubos internos e o local por onde passavam os gases quentes. Havia sempre incrustações nos tubos e que deviam ser retiradas. O ataque químico às incrustações gerava o gás CO_2, que inundava a casa sem ventilação. O filho do sitiante sentia a falta de oxigênio como

Casos de acidentes usando caldeiras **163**

um efeito de ficar algo bêbado, mas era mais grave. Podia levar à morte do jovem. Alertado, o sitiante mandou, a contragosto, afirme-se, ventilar a casa da caldeira. Seu argumento foi: duas gerações trabalharam nessa casa e além de ficarem "algo bêbados" nada mais aconteceu...

O jovem sitiante, hoje engenheiro, fez o depoimento a este autor.

Caso 7 – Estourou a caldeira do melhor hotel de uma importantíssima cidade

Recolhemos esta história do site <www.safetyguide.com.br>.

Estamos ocultando o nome da cidade e do hotel.

Resumidamente, temos:

Numa ação conjunta, a Fiscalização de Saúde e Segurança da Delegacia Regional do Trabalho e o Sindicato dos Trabalhadores no Comércio Hoteleiro da cidade fizeram uma operação pente-fino em vários hotéis. A ação foi motivada pela explosão de uma caldeira, com grandes danos do maior e mais luxuoso hotel da cidade. O defeito originário da explosão foi um erro de fabricação da caldeira.

Da inspeção às caldeiras dos outros hotéis resultou a conclusão:

- em cada hotel sua caldeira tinha pelo menos uma falha séria;
- algumas caldeiras não tinham alarme contra vazamento de gás;
- falta de treinamento dos operadores;
- desconhecimento por parte do hotel da importância da correta operação das caldeiras.

No relatório consta que não foi fácil fazer a inspeção, face a inúmeras dificuldades colocadas pelas direções dos hotéis.

Inaceitável!!!

Caso 8 – Explodiu a caldeira principal do navio

História verídica que se passou no ano 1964. Estamos omitindo o nome do navio e do armador.

Resumidamente, temos:

Em uma viagem aos Estados Unidos e México, em um navio com duas caldeiras principais aguatubulares de rápida vaporização, que acionavam a turbina e três turbogeradores com pressão de 465 lb/sq·in, à temperatura de 750 °F, construído nos Estados Unidos, a água de alimentação, sendo analisada diariamente pelo oficial de serviço, apresentou elevado resultado na medição de cloro. Alertado o chefe das máquinas, iniciou-se uma rigorosa verificação das possíveis causas. Procurou-se onde a água estava sendo contaminada; foram inspecionados os tanques de água destilada de alimentação das caldeiras (tanques do duplo-fundo); engenheiros estrangeiros e nacionais estiveram a bordo, sem solução viável. Posteriormente, uma das caldeiras explodiu, ocasionando a morte de vários tripulantes.

Caso 9 – Explodiu a caldeira auxiliar do navio

Estamos omitindo o nome do navio e do armador.

Resumidamente, temos:

Durante a prova de mar, em 1978, de um navio químico (para transporte de produtos químicos), nas costas da Noruega, uma das caldeiras auxiliares (o navio tinha duas caldeiras auxiliares), nos testes, apresentou irregularidades na válvula de segurança, o técnico do fabricante que participava dos testes, com a caldeira funcionando, subiu em seu topo e tentou resolver o problema, mas infelizmente a caldeira explodiu com ele em cima.

Notas técnicas sobre caldeiras e sobre o uso do calor

1. Dados históricos

A partir do século XIX, a utilização do vapor aumentou, aparentemente, face ao desenvolvimento da matemática, física e química, pelos cientistas. Dentre os principais nomes que contribuiram com seu trabalho, destacamos:

- Ferdinand Verbiest, em 1678, que concebeu um pequeno carro a vapor para o Imperador da China.
- Denis Pepin, em 1712, que inventou o princípio de funcionamento da máquina a vapor.
- James Watt, em 1765, que inventou a caldeira para gerar vapor e a máquina a vapor. Essa máquina tinha somente movimento de vai e vem.
- Nicolas-Joseph Cugnot, em 1769, que concebeu um carro de tamanho real, movido a vapor.
- James Pickard, em 1780, que inventou o sistema biela-manivela, que foi utilizado por James Watt, em 1781.
- Richard Trevithick, em 1801, que montou um vagão a vapor, com freio de mão, caixa de velocidades e direção.
- Robert Fulton, em 1807, que inventou o navio a vapor, que atingiu a velocidade de 5 milhas por hora.
- George Stephenson, em 1814, que inventou a locomotiva a vapor, capaz de rebocar 8 vagões de 30 toneladas de carvão à velocidade de 6,5 km/h.
- Carl Gustav de Laval, em 1883, que inventou a turbina a vapor.

166 Operação de caldeiras – gerenciamento, controle e manutenção

Nota – Em um período de cerca de 150 anos, houve um desenvolvimento exponencial da utilização do vapor.

Comentários:

Os carros a vapor foram comercializados até a década de 1930, e, hoje, um grande fabricante de automóveis está desenvolvendo um projeto de carro híbrido, com um motor de combustão interna e um sistema de vapor que aumenta a potência através da recuperação do calor dos gases de escape.

No setor marítimo, grandes caldeiras principais acionam turbinas em navios de guerra e superpetroleiros, face às limitações dos motores a diesel para potências elevadas. Nas termoelétricas, caldeiras do tamanho de edifícios acionam turbogeradores a vapor para suplementação de energia elétrica nas grandes cidades.

As caldeiras industriais automatizadas, que são o escopo deste trabalho, são largamente utilizadas nos processos industriais, em hospitais, hotéis e edifícios.

2. As funções do vapor nos velhos navios

Além de girar o eixo e, com isso, a hélice, o vapor nos velhos navios tinha as missões de alimentar:

- acionamento de molinete (guincho) da âncora e cabrestante;
- acionamento de pequenos guindastes dos paus-de-carga;
- controle do leme;
- água quente para uso humano;
- acionar o inconfundível apito do navio.

3. Caldeira melindrosa

Em um hospital que o autor visitou havia duas caldeiras. Uma funcionava muito bem e aguentava desaforos. Outra, do mesmo tipo e do mesmo fabricante, era melindrosa, e qualquer coisa a desligava. O operador colocou nomes nas caldeiras. A primeira, claro, foi denominada Amélia e a segunda, por experiência humana, com duas Marias Luiza, todas choronas e dondocas, esse foi o nome da segunda caldeira.

4. Descartes de gás e água quente

Um assunto por vezes algo esquecido do mundo das caldeiras é o descarte do gás queimado e o descarte de águas quentes de descargas. É importante que esses descartes não gerem problemas de segurança do trabalho, pois tanto o gás como a água quente de descarga têm altas temperaturas e podem até queimar uma pessoa que passe perto do local de disposição. No caso do descarte do gás queimado, deve haver uma proteção, (barreira) de maneira que um transeunte não seja queimado com esses gases. Quanto ao descarte das descargas (água quente), o ideal é jogá-la num tanque o que fosse misturado com água fria e só depois disposto no esgoto. O lançamento permanente da descarga a temperaturas na faixa de 80 °C a 90 °C pode destruir alvenaria, concreto, a tubulação de esgoto receptora e a pele humana.

5. Comparações térmicas entre o GLP e o gás natural e outros gases combustíveis

O GLP (gás liquefeito de petróleo) é um produto industrial (mistura de gases) proveniente da destilação do petróleo. Não tem cheiro, mas um gás malcheiroso, é nele adicionado para sua percepção. Idem gás natural.

O gás natural existe em alguns poços de petróleo. Exemplo: a Bacia de Campos.

A tabela a seguir mostra o poder calorífico de vários gases combustíveis. PCS é o chamado poder calorífico superior (máximo) e PCI é o poder calorífico inferior, ou seja, do PCS se subtrai o calor latente.

Poder calorífico dos gases combustíveis				
Gás	kcal/Nm³		kcal/kg	
	PCS	PCI	PCS	PCI
Hidrogênio	3.050	2.570	33.889	28.555
Metano	9.530	8.570	13.284	11.946
Etano	16.700	15.300	12.400	11.350
Eteno ou etileno	15.100	14.200	12.020	11.270
Gás natural de Campos	10.060	9.090	16.206	14.642
Gás natural de Santos	10.687	9.672	15.955	14.440
Gás natural da Bolívia	9.958	8.993	16.494	14.896
Propano	24.200	22.250	12.030	11.080
Propeno ou propileno	22.400	20.900	11.700	10.940
n-Butano	31.900	29.400	11.830	10.930
isobutano	31.700	29.200	11.810	10.900
Buteno-1	29.900	27.900	11.580	10.830
isopentano (líquido)	–	–	11.600	10.730
GLP (médio)	28.000	25.775	11.920	10.997
Acetileno	13.980	13.490	11.932	11.514
Monóxido de carbono	3.014	3.014	2.411	2.411

6. O poder calorífico dos combustíveis líquidos é:

- óleo diesel – 8.939 kcal/kg;
- óleo combustível – 10.130 kcal/kg.

7. A água vira vapor por dois caminhos

Um caminho é pelo aquecimento intenso e poderia chamar de *ebulição*. A temperatura da água precisa chegar, nesse caso, a 100 °C. Mas a água também vira vapor

168 Operação de caldeiras – gerenciamento, controle e manutenção

numa evaporação lenta, dependendo da umidade do ambiente. As enormes massas de água do mar lentamente e sem uso de energia externa viram vapor e sobem na atmosfera. É a *evaporação* ou *evaporação lenta.*

8. Comparação de temperaturas

Quadro comparativo de temperaturas	
Itens para comparação	Faixa mais comum no Brasil
Ambiente	10 a 40 °C
Água quente para uso higiênico	40 a 50 °C
Água quente entrando em uma caldeira em uso	80 a 90 °C
Água em ebulição na pressão atmosférica	100 °C
Vapor saturado	120 a 170 °C
Gases queimados expelidos, vapor superaquecido 400	150 a 500 °C
Chama	Mais de 1.000 °C

9. Aterramento elétrico

Vários engenheiros eletricistas recomendam o aterramento da caldeira para diminuir o problema de corrosão causado por correntes vagabundas. Isso é mais importante quando nas imediações existe pontos com correntes contínuas ou subestações.

10. Entidades

No portal CIPA, consta a fundação, em 1988, da Associação dos Engenheiros Inspetores de Caldeiras e Equipamentos Correlatos do Rio Grande do Sul (AEIRGS).

Nos Estados Unidos, a entidade é a National Boiler and Pressure Vessel Inspectors (NBPVI).

11. Supercaldeiras

Para as refinarias, temos possivelmente as maiores caldeiras em capacidade e pressão.

Um fornecimento foi uma caldeira aguatubular com 200.000 kg/h de vapor superaquecido, na pressão de 60 kgf/cm^2.

12. Água fervendo

A água fervente (100 °C), em contato com a pele, pode ocasionar queimaduras sérias, como as queimaduras de terceiro grau, causando danos permanentes à pele.

A água que se deve adicionar para fazer o café solúvel é a quente e não fervente, algo como em torno de 85 °C (informação da Nestlé).

Notas técnicas sobre caldeiras e sobre o uso do calor **169**

13. Relembrando os tipos de caldeira e os tipos de vapor

Quadro de tipos de caldeiras	
Tipo de caldeira com queima de combustível	**Produção de vapor**
Fogotubular	Só produz vapor saturado
Aguatubular	Vapor saturado Vapor superaquecido

14. Visor de vapor

Existem, na praça, visores de vapor a se colocarem nas linhas de condensado e, com isso, sabe-se se o sistema está funcionando ou não. O vapor é um gás invisível, mas o condensado (água quente com restos de ar aquecido e restos de vapor) é visível.

15. Medidor de pressão com selo hídrico

Como o vapor tem alta temperatura, ele pode danificar aparelhos sensíveis como manômetros. Para evitar isso, foi inventado o selo hídrico, que é uma tubulação em forma de uma volta, tendo permanentemente um líquido que faz o contato com o aparelho, servindo como material intermediário entre o vapor e o manômetro.

16. Curiosidades sobre caldeiras para fixar conceitos do operador:

1. Hoje (2011), uma das maiores caldeiras fogotubulares do Brasil tem a produção de 18.000 kg/h de vapor.
2. Diz-se que o potencial explosivo de uma caldeira é da ordem de 1/10 do seu volume medido em pólvora, ou seja, uma caldeira com 5 m^3 de capacidade explosiva equivale a 500 litros de pólvora.
3. Os jatos de vapor (sempre invisíveis) de uma caldeira de alta pressão podem cortar toras de madeira.
4. Há caldeiras que utilizam os gases queimados para preaquecer a água que vai entrar na caldeira, aproveitando, assim, inteligentemente o calor desses gases que, senão, se perderia na atmosfera.
5. Hoje (2011), mais de 80% das caldeiras existentes no Brasil têm capacidade igual ou menor que 10 t/h e pressão menor que 10 kgf/cm^2.

17. Vapor sanitário

É um vapor usado em certas autoclaves e em certas operações ligadas à certos tipos de indústria química e farmacêutica. O vapor sanitário é um vapor de altíssima pureza, livre, por exemplo, de partículas de metal carregadas pelo ataque do vapor às partes metálicas da caldeira e das linhas de vapor. Para se produzir esse vapor sanitário, pode-se usar a chamada caldeira de vapor limpo, que tem interior de aço inox, partes sem canto vivos, e na linha de vapor se usam os chamados filtros sanitários, que

Operação de caldeiras – gerenciamento, controle e manutenção

separam e interceptam minúsculas partículas metálicas (limite de cinco micra). As exigências do tratamento de água para se produzir esse vapor sanitário são maiores que as exigências para as caldeiras de vapor saturado comuns.

18. Título do vapor

Um vapor de 1.000 kg e tendo 90 kg de água (condensado) tem o título de:

$$T = (V - C)/V = (1.000 - 90)/1.000 = 91\%$$

19. No Brasil, o uso de combustíveis para caldeira segue a seguinte proporção

- o combustível mais comum é a biomassa (bagaço de cana, madeira, carvão etc.);
- o segundo combustível mais usado é o óleo de petróleo;
- o terceiro combustível mais usado é o GLP e, mais recentemente, o gás natural.

No Japão mais de 80% das caldeiras são movidas a gás natural.

20. O teste das mãos ao calor

Um técnico experiente faz um teste com as mãos, distante da chapa aquecida da caldeira a uns três centímetros. Há locais mais quentes e outros menos quentes. Mesmo distante três centímetros nota-se a diferença de temperatura. Essa diferença de temperatura pode ser devida a falha no isolamento térmico da chapa externa da caldeira.

21. Fiação elétrica

A fiação elétrica dos eletrodos tende a se enrijecer. Trocar essa fiação por uma mais flexível.

22. Correlação entre as variáveis energéticas que podem ser usados na produção do vapor

Quadro de correlação entre fontes	
Variáveis energéticas	Poder calorífico (PCS)
Energia elétrica	860,5 kcal/kW
GLP gás liquefeito de petróleo	11.900 kcal/kg
Óleo diesel	8.939 kcal/kg
Óleo combustível	10.130 kcal/kg
Lenha (20% de umidade)	3.700 kcal/kg

Obs.: 1 m³ de lenha com 20% de umidade pesa de 375 a 400 kgs.

37 Teste para a seleção de um operador de caldeira

O seguinte teste de múltipla escolha pode ser aplicado para a seleção de operadores de caldeira[*] quando se quer um profissional de muita experiência.

Teste

1. Se a temperatura numa caldeira é de t = 318 °F, qual a temperatura em graus Celsius? Tabela disponível.
2. Uma caldeira está com a pressão indicada no manômetro de 7 kgf/cm². Qual a temperatura do vapor? Tabela disponível.
3. Uma caldeira A atende a um grande hospital e outra caldeira B atende a um pequeno hospital. Verificar qual a mais provável caldeira que atende ao maior hospital:

    caldeira 1 – pressão máxima de trabalho 11 kgf/cm² e volume de vaso (água + vapor) de 8 m³;
    caldeira 2 – pressão máxima de trabalho 10 kgf/cm² e volume do vaso de 14 m³.

4. Duas caldeiras X e Y, com diferentes volumes de vaso (água + vapor) e mesma Pressão Máxima de Trabalho Admissível (PMTA), têm válvulas de segurança de mesmo diâmetro.

    Qual a explicação admissível?

    a) erro de projeto;
    b) está certo, pois o que interessa é a pressão;
    c) depende do comando do queimador.

---

[*] E que tenha feito o curso obrigatório.

172 Operação de caldeiras – gerenciamento, controle e manutenção

5. Um operador, ao assumir o turno de uma caldeira com PMTA de 12 kgf/cm², notou que, pela placa da caldeira, a pressão que a caldeira estava era de 174 psi. Qual sua primeira providência?

   a) chamar o especialista do tratamento de água;

   b) verificar vazamento de gás;

   c) desligar a alimentação de gás e sair da sala da caldeira;

   d) verificar a volta do condensado.

6. Quando uma caldeira produz mais condensado?

   a) na sua partida fria;

   b) na operação normal;

   c) quando da descarga de fundo da lama.

7. Qual a velocidade média do vapor nas linhas?

   a) 0,2 m/s;

   b) 20 m/s;

   c) 2.000 m/s;

   d) zero metros por segundo.

8. Uma caldeira de comando manual está alimentando os usos de um hotel e momentaneamente cessa o uso do vapor nesse hotel. O que acontece com a pressão na caldeira?

   a) a pressão fica constante;

   b) a pressão sobe;

   c) a pressão desce.

9. Uma caldeira de comando manual está alimentando os usos de um hotel e momentaneamente aumenta o uso do vapor nesse hotel. O que acontece com a pressão na caldeira?

   a) a pressão fica constante;

   b) a pressão sobe;

   c) a pressão desce.

10. Falhou totalmente o comando automático de uma caldeira e a pressão medida no manômetro excedeu a PMTA de 4 kgf/cm². Qual a primeira providência que o operador deve tomar?

   a) desligar a alimentação elétrica;

   b) alterar a dosagem de produtos químicos do tratamento da água;

   c) desligar a alimentação de gás.

Respostas

1) 150,00 °C,   2) 160,6 °C,   3.) Caldeira B,   4) b,   5) c;

6) a;   7) b;   8) b;   9) c;   10) c.

Leis, normas e a NR 13 na íntegra

O Ministério do Trabalho emitiu, como norma de segurança, uma norma que orienta os cuidados mínimos para se operar uma caldeira. É a NR 13, que está a seguir neste capítulo deste livro.

O tempo para executar essa inspeção para caldeiras novas é de cerca de uma semana. Caldeiras mais velhas face a problemas que sempre têm, exigem mais tempo para os reparos.

Além da NR 13, existem as normas da Associação Brasileira de Normas Técnicas (ABNT), a saber:

NBR 12177-1 – Caldeiras estacionárias a vapor – Inspeção de segurança – Parte 1 – Caldeiras fogotubulares.

NBR 12177-2 – Caldeiras estacionárias a vapor – Inspeção de segurança – Parte 2.

Caldeiras aguatubulares

NBR 11906 – Caldeira estacionária aguatubular e fogotubular – Terminologia.

NBR 13203 – Inspeção de segurança de caldeiras estacionárias elétricas.

NBR 13932 – "Instalações internas de gás liquefeito de petróleo". Projeto e execução.

NBR 13933 – Instalações internas de gás natural – Projeto e execução.

Nota – As normas utilizaram a nomenclatura flamotubulares para caldeiras fogotubulares e aquatubulares para aguatubulares.

174 Operação de caldeiras – gerenciamento, controle e manutenção

NR 13 – Caldeiras e Vasos de Pressão – Ministério do Trabalho e Emprego

NR 13

Portaria GM n. 3.214, de 08 de junho de 1978 06/07/78

Alterações/Atualizações D.O.U.

Portaria SSMT n. 12, de 06 de junho de 1983 14/06/83

Portaria SSMT n. 02, de 08 de maio de 1984 07/06/84

Portaria SSST n. 23, de 27 de dezembro de 1994 Rep.: 26/04/95

Portaria SIT n. 57, de 19 de junho de 2008 24/06/08

13.1 Caldeiras a vapor – disposições gerais

13.1.1 Caldeiras a vapor são equipamentos destinados a produzir e acumular vapor sob pressão superior à atmosférica, utilizando qualquer fonte de energia, excetuando-se os refervedores e equipamentos similares utilizados em unidades de processo.

13.1.2 Para efeito desta NR, considera-se "Profissional Habilitado" aquele que tem competência legal para o exercício da profissão de engenheiro nas atividades referentes a projeto de construção, acompanhamento, operação e manutenção, inspeção e supervisão de inspeção de caldeiras e vasos de pressão, em conformidade com a regulamentação profissional vigente no País.

13.1.3 Pressão Máxima de Trabalho Permitida – PMTP ou Pressão Máxima de Trabalho Admissível – PMTA é o maior valor de pressão compatível com o código de projeto, a resistência dos materiais utilizados, as dimensões do equipamento e seus parâmetros operacionais.

13.1.4 Constitui risco grave e iminente a falta de qualquer um dos seguintes itens:

a) válvula de segurança com pressão de abertura ajustada em valor igual ou inferior a PMTA;

b) instrumento que indique a pressão do vapor acumulado;

c) injetor ou outro meio de alimentação de água, independente do sistema principal, em caldeiras combustível sólido;

d) sistema de drenagem rápida de água, em caldeiras de recuperação de álcalis;

e) sistema de indicação para controle do nível de água ou outro sistema que evite o superaquecimento por alimentação deficiente.

13.1.5 Toda caldeira deve ter afixada em seu corpo, em local de fácil acesso e bem visível, placa de identificação indelével com, no mínimo, as seguintes informações.

a) fabricante;

b) número de ordem dado pelo fabricante da caldeira;

c) ano de fabricação;

d) pressão máxima de trabalho admissível;

e) pressão de teste hidrostático;

f) capacidade de produção de vapor;

g) área de superfície de aquecimento;

h) código de projeto e ano de edição.

13.1.5.1 Além da placa de identificação, devem constar, em local visível, a categoria da caldeira, conforme definida no subitem 13.1.9 desta NR, e seu número ou código de identificação.

13.1.6 Toda caldeira deve possuir, no estabelecimento onde estiver instalada, a seguinte documentação, devidamente atualizada:

a) "Prontuário da Caldeira", contendo as seguintes informações:

- código de projeto e ano de edição;
- especificação dos materiais;
- procedimentos utilizados na fabricação, montagem, inspeção final e determinação da PMTA;
- conjunto de desenhos e demais dados necessários para o monitoramento da vida útil da caldeira;
- características funcionais;
- dados dos dispositivos de segurança;
- ano de fabricação;
- categoria da caldeira;

b) "Registro de Segurança", em conformidade com o subitem 13.1.7;

c) "Projeto de Instalação", em conformidade com o item 13.2;

d) "Projetos de Alteração ou Reparo", em conformidade com os subitens 13.4.2 e 13.4.3;

e) "Relatórios de Inspeção", em conformidade com os subitens 13.5.11, 13.5.12 e 13.5.13.

13.1.6.1 Quando inexistente ou extraviado, o "Prontuário da Caldeira" deve ser reconstituído pelo proprietário, com responsabilidade técnica do fabricante ou de "Profissional Habilitado", citado no subitem 13.1.2, sendo imprescindível a reconstituição das características funcionais, dos dados dos dispositivos de segurança e dos procedimentos para determinação da PMTA.

13.1.6.2 Quando a caldeira for vendida ou transferida de estabelecimento, os documentos mencionados nas alíneas "a", "d" e "e" do subitem 13.1.6 devem acompanhá-la.

13.1.6.3 O proprietário da caldeira deverá apresentar, quando exigido pela autoridade competente do órgão regional do Ministério do Trabalho, a documentação mencionada no subitem 13.1.6.

13.1.7 O "Registro de Segurança" deve ser constituído de livro próprio, com páginas numeradas, ou outro sistema equivalente onde serão registradas:

176 Operação de caldeiras – gerenciamento, controle e manutenção

a) todas as ocorrências importantes capazes de influir nas condições de segurança da caldeira;

b) as ocorrências de inspeções de segurança periódicas e extraordinárias, devendo constar o nome legível e assinatura de "Profissional Habilitado", citado no subitem 13.1.2, e de operador de caldeira presente na ocasião da inspeção.

13.1.7.1 Caso a caldeira venha a ser considerada inadequada para uso, o "Registro de Segurança" deve conter tal informação e receber encerramento formal.

13.1.8 A documentação referida no subitem 13.1.6 deve estar sempre à disposição para consulta dos operadores, do pessoal de manutenção, de inspeção e das representações dos trabalhadores e do empregador na Comissão Interna de Prevenção de Acidentes – CIPA, devendo o proprietário assegurar pleno acesso a essa documentação.

13.1.9 Para os propósitos desta NR, as caldeiras são classificadas em 3 (três) categorias, conforme segue:

a) caldeiras da categoria A são aquelas cuja pressão de operação é igual ou superior a 1.960 kPa (19.98 kgf/cm^2);

b) caldeiras da categoria C são aquelas cuja pressão de operação é igual ou inferior a 588 kPa (5,99 kgf/cm^2) e o volume interno é igual ou inferior a 100 (cem) litros;

c) caldeiras da categoria B são todas as caldeiras que não se enquadram nas categorias anteriores.

13.2 Instalação de caldeiras a vapor

13.2.1 A autoria do "Projeto de Instalação" de caldeiras a vapor, no que concerne ao atendimento desta NR, é de responsabilidade de "Profissional Habilitado", conforme citado no subitem 13.1.2, e deve obedecer aos aspectos de segurança, saúde e meio ambiente previstos nas Normas Regulamentadoras, convenções e disposições legais aplicáveis.

13.2.2 As caldeiras de qualquer estabelecimento devem ser instaladas em "Casa de Caldeiras" ou em local específico para tal fim, denominado "Área de Caldeiras".

13.2.3 Quando a caldeira for instalada em ambiente aberto, a "Área de Caldeiras" deve satisfazer aos seguintes requisitos:

a) estar afastada de, no mínimo, 3,00 m (três metros) de:

- outras instalações do estabelecimento;
- de depósitos de combustíveis, excetuando-se reservatórios para partida com até 2.000 (dois mil) litros de capacidade;
- do limite de propriedade de terceiros;
- do limite com as vias públicas;

b) dispor de pelo menos 2 (duas) saídas amplas, permanentemente desobstruídas e dispostas em direções distintas;

Leis, normas e a NR 13 na íntegra **177**

    c) dispor de acesso fácil e seguro, necessário à operação e à manutenção da caldeira, sendo que, para guarda-corpos vazados, os vãos devem ter dimensões que impeçam a queda de pessoas;

    d) ter sistema de captação e lançamento dos gases e material particulado, provenientes da combustão, para fora da área de operação, atendendo às normas ambientais vigentes;

    e) dispor de iluminação conforme normas oficiais vigentes;

    f) ter sistema de iluminação de emergência caso operar à noite.

13.2.4   Quando a caldeira estiver instalada em ambiente fechado, a "Casa de Caldeiras" deve satisfazer aos seguintes requisitos:

    a) constituir prédio separado, construído de material resistente ao fogo, podendo ter apenas uma parede adjacente a outras instalações do estabelecimento, porém com as outras paredes afastadas de, no mínimo, 3,00 m (três metros) de outras instalações, do limite de propriedade de terceiros, do limite com as vias públicas e de depósitos de combustíveis, excetuando-se reservatórios para partida com até 2 (dois) mil litros de capacidade;

    b) dispor de pelo menos 2 (duas) saídas amplas, permanentemente desobstruídas e dispostas em direções distintas;

    c) dispor de ventilação permanente com entradas de ar que não possam ser bloqueadas;

    d) dispor de sensor para detecção de vazamento de gás quando se tratar de caldeira a combustível gasoso;

    e) não ser utilizada para qualquer outra finalidade;

    f) dispor de acesso fácil e seguro, necessário à operação e à manutenção da caldeira, sendo que, para guarda-corpos vazados, os vãos devem ter dimensões que impeçam a queda de pessoas;

    g) ter sistema de captação e lançamento dos gases e material particulado, provenientes da combustão, para fora da área de operação, atendendo às normas ambientais vigentes;

    h) dispor de iluminação conforme normas oficiais vigentes e ter sistema de iluminação de emergência.

13.2.5   Constitui risco grave e iminente o não atendimento aos seguintes requisitos:

    a) para todas as caldeiras instaladas em ambiente aberto, as alíneas "b", "d" e "f" do subitem 13.2.3 desta NR;

    b) para as caldeiras da categoria A instaladas em ambientes confinados, as alíneas "a", "b", "c", "d", "e", "g" e "h" do subitem 13.2.4 desta NR;

    c) para as caldeiras das categorias B e C instaladas em ambientes confinados, as alíneas "b", "c", "d", "e", "g" e "h" do subitem 13.2.4 desta NR.

13.2.6   Quando o estabelecimento não puder atender ao disposto nos subitens 13.2.3 ou 13.2.4, deverá ser elaborado "Projeto Alternativo de Instalação", com medidas complementares de segurança que permitam a atenuação dos riscos.

178 Operação de caldeiras – gerenciamento, controle e manutenção

13.2.6.1 O "Projeto Alternativo de Instalação" deve ser apresentado pelo proprietário da caldeira para obtenção de acordo com a representação sindical da categoria profissional predominante no estabelecimento.

13.2.6.2 Quando não houver acordo, conforme previsto no subitem 13.2.6.1, a intermediação do órgão regional do MTb poderá ser solicitada por qualquer uma das partes, e, persistindo o impasse, a decisão caberá a esse órgão.

13.2.7 As caldeiras classificadas na categoria A deverão possuir painel de instrumentos instalados em sala de controle, construída segundo o que estabelecem as Normas Regulamentadoras aplicáveis.

13.3 Segurança na operação de caldeiras

13.3.1 Toda caldeira deve possuir "Manual de Operação" atualizado, em língua portuguesa, em local de fácil acesso aos operadores, contendo, no mínimo:

a) procedimentos de partidas e paradas;

b) procedimentos e parâmetros operacionais de rotina;

c) procedimentos para situações de emergência;

d) procedimentos gerais de segurança, saúde e de preservação do meio ambiente.

13.3.2 Os instrumentos e controles de caldeiras devem ser mantidos calibrados e em boas condições operacionais, constituindo condição de risco grave e iminente o emprego de artifícios que neutralizem sistemas de controle e segurança da caldeira.

13.3.3 A qualidade da água deve ser controlada e tratamentos devem ser implementados, quando necessários para compatibilizar suas propriedades físico-químicas com os parâmetros de operação da caldeira.

13.3.4 Toda caldeira a vapor deve estar obrigatoriamente sob operação e controle de operador de caldeira, sendo que o não atendimento a esta exigência caracteriza condição de risco grave e iminente.

13.3.5 Para efeito desta NR, será considerado operador de caldeira aquele que satisfizer pelo menos uma das seguintes condições:

a) possuir certificado de "Treinamento de Segurança na Operação de Caldeiras" e comprovação de estágio prático (b) conforme subitem 13.3.11;

b) possuir certificado de "Treinamento de Segurança na Operação de Caldeiras" previsto na NR 13 aprovada pela Portaria n. 02, de 08.05.84;

c) possuir comprovação de pelo menos 3 (três) anos de experiência nessa atividade, até 8 de maio de 1984.

13.3.6 O pré-requisito mínimo para participação, como aluno, no "Treinamento de Segurança na Operação de Caldeiras" é o atestado de conclusão do 1º grau.

Leis, normas e a NR 13 na íntegra **179**

13.3.7 O "Treinamento de Segurança na Operação de Caldeiras" deve, obrigatoriamente:

a) ser supervisionado tecnicamente por "Profissional Habilitado" citado no subitem 13.1.2;

b) ser ministrado por profissionais capacitados para esse fim;

c) obedecer, no mínimo, ao currículo proposto no Anexo I-A desta NR.

13.3.8 Os responsáveis pela promoção do "Treinamento de Segurança na Operação de Caldeiras" estarão sujeitos ao impedimento de ministrar novos cursos, bem como a outras sanções legais cabíveis, no caso de inobservância do disposto no subitem 13.3.7.

13.3.9 Todo operador de caldeira deve cumprir um estágio prático, na operação da própria caldeira que irá operar, o qual deverá ser supervisionado, documentado e ter duração mínima de:

a) caldeiras da categoria A: 80 (oitenta) horas;

b) caldeiras da categoria B: 60 (sessenta) horas;

c) caldeiras da categoria C: 40 (quarenta) horas.

13.3.10 O estabelecimento onde for realizado o estágio prático supervisionado deve informar previamente à representação sindical da categoria profissional predominante no estabelecimento:

a) período de realização do estágio;

b) entidade, empresa ou profissional responsável pelo "Treinamento de Segurança na Operação de Caldeiras";

c) relação dos participantes do estágio.

13.3.11 A reciclagem de operadores deve ser permanente, por meio de constantes informações das condições físicas e operacionais dos equipamentos, atualização técnica, informações de segurança, participação em cursos, palestras e eventos pertinentes.

13.3.12 Constitui condição de risco grave e iminente a operação de qualquer caldeira em condições diferentes das previstas no projeto original, sem que:

a) seja reprojetada levando em consideração todas as variáveis envolvidas na nova condição de operação;

b) sejam adotados todos os procedimentos de segurança decorrentes de sua nova classificação no que se refere a instalação, operação, manutenção e inspeção.

13.4 Segurança na manutenção de caldeiras

13.4.1 Todos os reparos ou alterações em caldeiras devem respeitar o respectivo código do projeto de construção e as prescrições do fabricante no que se refere a:

a) materiais;

b) procedimentos de execução;

180   Operação de caldeiras – gerenciamento, controle e manutenção

c) procedimentos de controle de qualidade;

d) qualificação e certificação de pessoal.

13.4.1.1 Quando não for conhecido o código do projeto de construção, deve ser respeitada a concepção original da caldeira, com procedimento de controle do maior rigor prescrito nos códigos pertinentes.

13.4.1.2 Nas caldeiras de categorias A e B, a critério do "Profissional Habilitado", citado no subitem 13.1.2, podem ser utilizados tecnologia de cálculo ou procedimentos mais avançados, em substituição aos previstos pelos códigos de projeto.

13.4.2 "Projetos de Alteração ou Reparo" devem ser concebidos previamente nas seguintes situações:

a) sempre que as condições de projeto forem modificadas;

b) sempre que forem realizados reparos que possam comprometer a segurança.

13.4.3 O "Projeto de Alteração ou Reparo" deve:

a) ser concebido ou aprovado por "Profissional Habilitado", citado no subitem 13.1.2;

b) determinar materiais, procedimentos de execução, controle qualificação de pessoal.

13.4.4 Todas as intervenções que exijam mandrilamento ou soldagem em partes que operem sob pressão devem ser seguidas de teste hidrostático, com características definidas pelo "Profissional Habilitado", citado no subitem 13.1.2.

13.4.5 Os sistemas de controle e segurança da caldeira devem ser submetidos à manutenção preventiva ou preditiva.

13.5 Inspeção de segurança de caldeiras

13.5.1 As caldeiras devem ser submetidas a inspeções de segurança inicial, periódica e extraordinária, sendo considerada condição de risco grave e iminente o não atendimento aos prazos estabelecidos nesta NR.

13.5.2 A inspeção de segurança inicial deve ser feita em caldeiras novas, antes da entrada em funcionamento, no local de operação, devendo compreender exames interno e externo, teste hidrostático e de acumulação.

13.5.3 A inspeção de segurança periódica, constituída por exames interno e externo, deve ser executada nos seguintes prazos máximos:

a) 12 (doze) meses para caldeiras das categorias A, B e C;

b) 12 (doze) meses para caldeiras de recuperação de álcalis de qualquer categoria;

c) 24 (vinte e quatro) meses para caldeiras da categoria A, desde que aos 12 (doze) meses sejam testadas as pressões de abertura das válvulas de segurança;

Leis, normas e a NR 13 na íntegra **181**

d) 40 (quarenta) meses para caldeiras especiais conforme definido no item 13.5.5.

13.5.4 Estabelecimentos que possuam "Serviço Próprio de Inspeção de Equipamentos", conforme estabelecido no Anexo II, podem estender os períodos entre inspeções de segurança, respeitando os seguintes prazos máximos:

a) 18 (dezoito) meses para caldeiras das categorias B e C;

b) 30 (trinta) meses para caldeiras da categoria A.

13.5.5 As caldeiras que operam de forma contínua e que utilizam gases ou resíduos das unidades de processo, como combustível principal para aproveitamento de calor ou para fins de controle ambiental, podem ser consideradas especiais quando todas as condições seguintes forem satisfeitas:

a) estiverem instaladas em estabelecimentos que possuam "Serviço Próprio de Inspeção de Equipamentos" citado no Anexo II;

b) tenham testados a cada 12 (doze) meses o sistema de intertravamento e a pressão de abertura de cada válvula de segurança;

c) não apresentem variações inesperadas na temperatura de saída dos gases e do vapor durante a operação;

d) exista análise e controle periódico da qualidade da água;

e) exista controle de deterioração dos materiais que compõem as principais partes da caldeira;

f) seja homologada como classe especial mediante:

- acordo entre a representação sindical da categoria profissional predominante no estabelecimento e o empregador;

- intermediação do órgão regional do MTb, solicitada por qualquer uma das partes quando não houver acordo;

- decisão do órgão regional do MTb quando persistir o impasse.

13.5.6 Ao completar 25 (vinte e cinco) anos de uso, na sua inspeção subsequente, as caldeiras devem ser submetidas a rigorosa avaliação de integridade para determinar a sua vida remanescente e novos prazos máximos para inspeção, caso ainda estejam em condições de uso.

13.5.6.1 Nos estabelecimentos que possuam "Serviço Próprio de Inspeção de Equipamentos", citado no Anexo II, o limite de 25 (vinte e cinco) anos pode ser alterado em função do acompanhamento das condições da caldeira, efetuado pelo referido órgão.

13.5.7 As válvulas de segurança instaladas em caldeiras devem ser inspecionadas periodicamente conforme segue:

a) pelo menos 1 (uma) vez por mês, mediante acionamento manual da alavanca, em operação, para caldeiras das categorias B e C;

b) desmontando, inspecionando e testando em bancada as válvulas flangeadas e, no campo, as válvulas soldadas, recalibrando-as numa frequência compatível com a experiência operacional da mesma, porém respeitando-se como limite máximo o período de inspeção estabele-

Operação de caldeiras – gerenciamento, controle e manutenção

cido no subitem 13.5.3 ou 13.5.4, se aplicável para caldeiras de categorias A e B.

13.5.8 Adicionalmente aos testes prescritos no subitem 13.5.7, as válvulas de segurança instaladas em caldeiras deverão ser submetidas a testes de acumulação, nas seguintes oportunidades:

a) na inspeção inicial da caldeira;

b) quando forem modificadas ou tiverem sofrido reformas significativas;

c) quando houver modificação nos parâmetros operacionais da caldeira ou variação na PMTA;

d) quando houver modificação na sua tubulação de admissão ou descarga.

13.5.9 A inspeção de segurança extraordinária deve ser feita nas seguintes oportunidades:

a) sempre que a caldeira for danificada por acidente ou outra ocorrência capaz de comprometer sua segurança;

b) quando a caldeira for submetida à alteração ou reparo importante capaz de alterar suas condições de segurança;

c) antes de a caldeira ser recolocada em funcionamento, quando permanecer inativa por mais de 6 (seis) meses;

d) quando houver mudança de local de instalação da caldeira.

13.5.10 A inspeção de segurança deve ser realizada por "Profissional Habilitado", citado no subitem 13.1.2, ou por "Serviço Próprio de Inspeção de Equipamentos", citado no Anexo II.

13.5.11 Inspecionada a caldeira, deve ser emitido "Relatório de Inspeção", que passa a fazer parte da sua documentação.

13.5.12 Uma cópia do "Relatório de Inspeção" deve ser encaminhada pelo "Profissional Habilitado", citado no subitem 13.1.2, num prazo máximo de 30 (trinta) dias, a contar do término da inspeção, à representação no estabelecimento.

13.5.13 O "Relatório de Inspeção", mencionado no subitem 13.5.11, deve conter no mínimo:

a) dados constantes na placa de identificação da caldeira;

b) categoria da caldeira;

c) tipo da caldeira;

d) tipo de inspeção executada;

e) data de início e término da inspeção;

f) descrição das inspeções e testes executados;

g) resultado das inspeções e providências;

h) relação dos itens desta NR ou de outras exigências legais que não estão sendo atendidas,

i) conclusões;

j) recomendações e providências necessárias;

Leis, normas e a NR 13 na íntegra **183**

k) data prevista para a nova inspeção da caldeira;

l) nome legível, assinatura e número do registro no conselho profissional do "Profissional Habilitado", citado no subitem 13.1.2, e nome legível e assinatura de técnicos que participaram da inspeção.

13.5.14 Sempre que os resultados da inspeção determinarem alterações dos dados da placa de identificação, a mesma deve ser atualizada.

13.6 Vasos de pressão – disposições gerais

13.6.1   Vasos de pressão são equipamentos que contêm fluidos sob pressão interna ou externa.

13.6.1.1. O campo de aplicação desta NR, no que se refere a vasos de pressão, está definido no Anexo III.

13.6.1.2. Os vasos de pressão abrangidos por esta NR estão classificados em categorias de acordo com o Anexo IV.

13.6.2   Constitui risco grave e iminente a falta de qualquer um dos seguintes itens:

a) válvula ou outro dispositivo de segurança com pressão de abertura ajustada em valor igual ou inferior à PMTA, instalada diretamente no vaso ou no sistema que o inclui;

b) dispositivo de segurança contra bloqueio inadvertido da válvula quando esta não estiver instalada diretamente no vaso;

c) instrumento que indique a pressão de operação.

13.6.3   Todo vaso de pressão deve ter afixado em seu corpo, em local de fácil acesso e bem visível, placa de identificação indelével com, no mínimo, as seguintes informações:

a) fabricante;

b) número de identificação;

c) ano de fabricação;

d) pressão máxima de trabalho admissível;

e) pressão de teste hidrostático;

f) código de projeto e ano de edição.

13.6.3.1   Além da placa de identificação, deverão constar, em local visível, a categoria do vaso, conforme Anexo IV, e seu número ou código de identificação.

13.6.4   Todo vaso de pressão deve possuir, no estabelecimento onde estiver instalado, a seguinte documentação devidamente atualizada:

a) "Prontuário do Vaso de Pressão" a ser fornecido pelo fabricante, contendo as seguintes informações:

- código de projeto e ano de edição;

- especificação dos materiais;

- procedimentos utilizados na fabricação, montagem e inspeção final e determinação da PMTA;

184 Operação de caldeiras – gerenciamento, controle e manutenção

- conjunto de desenhos e demais dados necessários para o monitoramento da sua vida útil;
- características funcionais;
- dados dos dispositivos de segurança;
- ano de fabricação;
- categoria do vaso;

b) "Registro de Segurança" em conformidade com o subitem 13.6.5;

c) "Projeto de Instalação" em conformidade com o item 13.7;

d) "Projeto de Alteração ou Reparo" em conformidade com os subitens 13.9.2 e 13.9.3;

e) "Relatórios de Inspeção" em conformidade com o subitem 13.10.8.

13.6.4.1 Quando inexistente ou extraviado, o "Prontuário do Vaso de Pressão" deve ser reconstituído pelo proprietário com responsabilidade técnica do fabricante ou de "Profissional Habilitado", citado no subitem 13.1.2, sendo imprescindível a reconstituição das características funcionais, dos dados dos dispositivos de segurança e dos procedimentos para determinação da PMTA.

13.6.4.2 O proprietário de vaso de pressão deverá apresentar, quando exigida pela autoridade competente do órgão regional do Ministério do Trabalho, a documentação mencionada no subitem 13.6.4.

13.6.5 O "Registro de Segurança" deve ser constituído por livro de páginas numeradas, pastas ou sistema informatizado ou não com confiabilidade equivalente onde serão registradas:

a) todas as ocorrências importantes capazes de influir nas condições de segurança dos vasos;

b) as ocorrências de inspeção de segurança.

13.6.6 A documentação referida no subitem 13.6.4 deve estar sempre à disposição para consulta dos operadores do pessoal de manutenção, de inspeção e das representações dos trabalhadores e do empregador na Comissão Interna de Prevenção de Acidentes – CIPA, devendo o proprietário assegurar pleno acesso a essa documentação inclusive à representação sindical da categoria profissional predominante no estabelecimento, quando formalmente solicitado.

13.7 Instalação de vasos de pressão

13.7.1. Todo vaso de pressão deve ser instalado de modo que todos os drenos, respiros, bocas de visita e indicadores de nível, pressão e temperatura, quando existentes, sejam facilmente acessíveis.

13.7.2 Quando os vasos de pressão forem instalados em ambientes fechados, a instalação deve satisfazer os seguintes requisitos:

a) dispor de pelo menos 2 (duas) saídas amplas, permanentemente desobstruídas e dispostas em direções distintas;

Leis, normas e a NR 13 na íntegra **185**

b) dispor de acesso fácil e seguro para as atividades de manutenção, operação e inspeção, sendo que, para guarda-corpos vazados, os vãos devem ter dimensões que impeçam a queda de pessoas;

c) dispor de ventilação permanente com entradas de ar que não possam ser bloqueadas;

d) dispor de iluminação conforme normas oficiais vigentes;

e) possuir sistema de iluminação de emergência.

13.7.3 Quando o vaso de pressão for instalado em ambiente aberto, a instalação deve satisfazer às alíneas "a", "b", "d" e "e" do subitem 13.7.2.

13.7.4 Constitui risco grave e iminente o não atendimento às seguintes alíneas do subitem 13.7.2:

- "a", "c", "d" e "e" para vasos instalados em ambientes confinados;
- "a" para vasos instalados em ambientes abertos;
- "e" para vasos instalados em ambientes abertos e que operem à noite.

13.7.5 Quando o estabelecimento não puder atender ao disposto no subitem 13.7.2, deve ser elaborado "Projeto Alternativo de Instalação" com medidas complementares de segurança que permitam a atenuação dos riscos.

13.7.5.1 O "Projeto Alternativo de Instalação" deve ser apresentado pelo proprietário do vaso de pressão para obtenção de acordo com a representação sindical da categoria profissional predominante no estabelecimento.

13.7.5.2 Quando não houver acordo, conforme previsto no subitem 13.7.5.1, a intermediação do órgão regional do MTb poderá ser solicitada por qualquer uma das partes e, persistindo o impasse, a decisão caberá a esse órgão.

13.7.6 A autoria do "Projeto de Instalação" de vasos de pressão enquadrados nas categorias I, II e III, conforme Anexo IV, no que concerne ao atendimento desta NR, é de responsabilidade de "Profissional Habilitado", conforme citado no subitem 13.1.2, e deve obedecer aos aspectos de segurança, saúde e meio ambiente previstos nas Normas Regulamentadoras, convenções e disposições legais aplicáveis.

13.7.7 O "Projeto de Instalação" deve conter pelo menos a planta baixa do estabelecimento, com o posicionamento e a categoria de cada vaso e das instalações de segurança.

13.8 Segurança na operação de vasos de pressão

13.8.1 Todo vaso de pressão enquadrado nas categorias I ou II deve possuir manual de operação próprio ou instruções de operação contidas no manual de operação de unidade onde estiver instalado, em língua portuguesa e de fácil acesso aos operadores, contendo, no mínimo:

a) procedimentos de partidas e paradas;

b) procedimentos e parâmetros operacionais de rotina;

Operação de caldeiras – gerenciamento, controle e manutenção

c) procedimentos para situações de emergência;

d) procedimentos gerais de segurança, saúde e de preservação do meio ambiente.

13.8.2 Os instrumentos e controles de vasos de pressão devem ser mantidos calibrados e em boas condições operacionais.

13.8.2.1 Constitui condição de risco grave e iminente o emprego de artifícios que neutralizem seus sistemas de controle e segurança.

13.8.3 A operação de unidades que possuam vasos de pressão de categorias "I" ou "II" deve ser efetuada por profissional com "Treinamento de Segurança na Operação de Unidades de Processo", sendo que o não atendimento a esta exigência caracteriza condição de risco grave e iminente.

13.8.4 Para efeito desta NR, será considerado profissional com "Treinamento de Segurança na Operação de Unidades de Processo" aquele que satisfizer uma das seguintes condições:

a) possuir certificado de "Treinamento de Segurança na Operação de Unidades de Processo" expedido por instituição competente para o treinamento;

b) possuir experiência comprovada na operação de vasos de pressão das categorias I ou II de pelo menos 2 (dois) anos antes da vigência desta NR.

13.8.5 O pré-requisito mínimo para participação, como aluno, no "Treinamento de Segurança na Operação de Unidades de Processo" é o atestado de conclusão do 1º grau.

13.8.6 O "Treinamento de Segurança na Operação de Unidades de Processo" deve obrigatoriamente:

a) ser supervisionado tecnicamente por "Profissional Habilitado", citado no subitem 13.1.2;

b) ser ministrado por profissionais capacitados para esse fim;

c) obedecer, no mínimo, ao currículo proposto no Anexo I-B desta NR.

13.8.7 Os responsáveis pela promoção do "Treinamento de Segurança na Operação de Unidades de Processo" estarão sujeitos ao impedimento de ministrar novos cursos, bem como a outras sanções legais cabíveis, no caso de inobservância do disposto no subitem 13.8.6.

13.8.8 Todo profissional com "Treinamento de Segurança na Operação de Unidade de Processo" deve cumprir estágio prático, supervisionado, na operação de vasos de pressão com as seguintes durações mínimas:

a) 300 (trezentas) horas para vasos de categorias I ou II;

b) 100 (cem) horas para vasos de categorias III, IV ou V.

13.8.9 O estabelecimento onde for realizado o estágio prático supervisionado deve informar previamente à representação sindical da categoria profissional predominante no estabelecimento:

a) período de realização do estágio;

b) entidade, empresa ou profissional responsável pelo "Treinamento de Segurança na Operação de Unidade de Processo";

c) relação dos participantes do estágio.

13.8.10 A reciclagem de operadores deve ser permanente por meio de constantes informações das condições físicas e operacionais dos equipamentos, atualização técnica, informações de segurança, participação em cursos, palestras e eventos pertinentes.

13.8.11 Constitui condição de risco grave e iminente a operação de qualquer vaso de pressão em condições diferentes das previstas no projeto original, sem que:

a) seja reprojetado levando em consideração todas as variáveis envolvidas na nova condição de operação;

b) sejam adotados todos os procedimentos de segurança decorrentes de sua nova classificação no que se refere à instalação, operação, manutenção e inspeção.

13.9 Segurança na manutenção de vasos de pressão

13.9.1 Todos os reparos ou alterações em vasos de pressão devem respeitar o respectivo código de projeto de construção e as prescrições do fabricante no que se refere a:

a) materiais;

b) procedimentos de execução;

c) procedimentos de controle de qualidade;

d) qualificação e certificação de pessoal.

13.9.1.1 Quando não for conhecido o código do projeto de construção, deverá ser respeitada a concepção original do vaso, empregando-se procedimentos de controle do maior rigor, prescritos pelos códigos pertinentes.

13.9.1.2 A critério do "Profissional Habilitado", citado no subitem 13.1.2, podem ser utilizados tecnologia de cálculo ou procedimentos mais avançados, em substituição aos previstos pelos códigos de projeto.

13.9.2 "Projetos de Alteração ou Reparo" devem ser concebidos previamente nas seguintes situações:

a) sempre que as condições de projeto forem modificadas;

b) sempre que forem realizados reparos que possam comprometer a segurança.

13.9.3 O "Projeto de Alteração ou Reparo" deve:

a) ser concebido ou aprovado por "Profissional Habilitado", citado no subitem 13.1.2;

b) determinar materiais, procedimentos de execução, controle de qualidade e qualificação de pessoal;

188 Operação de caldeiras – gerenciamento, controle e manutenção

c) ser divulgado para funcionários do estabelecimento que possam estar envolvidos com o equipamento.

13.9.4 Todas as intervenções que exijam soldagem em partes que operem sob pressão devem ser seguidas de teste hidrostático, com características definidas pelo "Profissional Habilitado", citado no subitem 13.1.2, levando em conta o disposto no item 13.10.

13.9.4.1 Pequenas intervenções superficiais podem ter o teste hidrostático dispensado, a critério do "Profissional Habilitado", citado no subitem 13.1.2.

13.9.5 Os sistemas de controle e segurança dos vasos de pressão devem ser submetidos à manutenção preventiva ou preditiva.

13.10 Inspeção de segurança de vasos de pressão

13.10.1 Os vasos de pressão devem ser submetidos a inspeções de segurança inicial, periódica e extraordinária.

13.10.2 A inspeção de segurança inicial deve ser feita em vasos novos, antes de sua entrada em funcionamento, no local definitivo de instalação, devendo compreender exame externo, interno e teste hidrostático, considerando as limitações mencionadas no subitem 13.10.3.5.

13.10.3 A inspeção de segurança periódica, constituída por exame externo, interno e teste hidrostático, deve obedecer aos seguintes prazos máximos estabelecidos a seguir:

a) para estabelecimentos que não possuam "Serviço Próprio de Inspeção de Equipamentos", conforme citado no Anexo II:

Categoria do vaso	Exame externo	Exame interno	Teste hidrostático
I	1 ano	3 anos	6 anos
II	2 anos	4 anos	8 anos
III	3 anos	6 anos	12 anos
IV	4 anos	8 anos	16 anos
V	5 anos	10 anos	20 anos

b) para estabelecimentos que possuam "Serviço Próprio de Inspeção de Equipamentos", conforme citado no Anexo II:

Categoria do vaso	Exame externo	Exame interno	Teste hidrostático
I	3 anos	6 anos	12 anos
II	4 anos	8 anos	16 anos
III	5 anos	10 anos	A critério
IV	6 anos	12 anos	A critério
V	7 anos	A critério	A critério

13.10.3.1 Vasos de pressão que não permitam o exame interno ou externo por impossibilidade física devem ser alternativamente submetidos a teste hidrostático, considerando-se as limitações previstas no subitem 13.10.3.5.

13.10.3.2 Vasos com enchimento interno ou com catalisador podem ter a periodicidade de exame interno ou de teste hidrostático ampliada, de forma a coincidir com a época da substituição de enchimentos ou de catalisador, desde que esta ampliação não ultrapasse 20% do prazo estabelecido no subitem 13.10.3 desta NR.

13.10.3.3 Vasos com revestimento interno higroscópico devem ser testados hidrostaticamente antes da aplicação do mesmo, sendo os testes subsequentes substituídos por técnicas alternativas.

13.10.3.4 Quando for tecnicamente inviável e mediante anotação no "Registro de Segurança" pelo "Profissional Habilitado", citado no subitem 13.1.2, o teste hidrostático pode ser substituído por outra técnica de ensaio não destrutivo ou inspeção que permita obter segurança equivalente.

13.10.3.5 Considera-se como razões técnicas que inviabilizam o teste hidrostático:

a) resistência estrutural da fundação ou da sustentação do vaso incompatível com o peso da água que seria usada no teste;

b) efeito prejudicial do fluido de teste a elementos internos do vaso;

c) impossibilidade técnica de purga e secagem do sistema;

d) existência de revestimento interno;

e) influência prejudicial do teste sobre defeitos subcríticos.

13.10.3.6 Vasos com temperatura de operação inferior a 0 ºC (zero graus centígrados) e que operem em condições nas quais a experiência mostre que não ocorre deterioração ficam dispensados do teste hidrostático periódico, sendo obrigatório exame interno a cada 20 (vinte) anos e exame externo a cada 2 (dois) anos.

13.10.3.7 Quando não houver outra alternativa, o teste pneumático pode ser executado, desde que supervisionado pelo "Profissional Habilitado", citado no subitem 13.1.2, e cercado de cuidados especiais, por tratar-se de atividade de alto risco.

13.10.4 As válvulas de segurança dos vasos de pressão devem ser desmontadas, inspecionadas e recalibradas por ocasião do exame interno periódico.

13.10.5 A inspeção de segurança extraordinária deve ser feita nas seguintes oportunidades:

a) sempre que o vaso for danificado por acidente ou outra ocorrência que comprometa sua segurança;

Operação de caldeiras – gerenciamento, controle e manutenção

b) quando o vaso for submetido a reparo ou alterações importantes, capazes de alterar sua condição de segurança;

c) antes de o vaso ser recolocado em funcionamento, quando permanecer inativo por mais de 12 (doze) meses;

d) quando houver alteração do local de instalação do vaso.

13.10.6 A inspeção de segurança deve ser realizada por "Profissional Habilitado", citado no subitem 13.1.2, ou por "Serviço Próprio de Inspeção de Equipamentos", conforme citado no Anexo II.

13.10.7 Após a inspeção do vaso, deve ser emitido "Relatório de Inspeção", que passa a fazer parte da sua documentação.

13.10.8 O "Relatório de Inspeção" deve conter, no mínimo:

a) identificação do vaso de pressão;

b) fluidos de serviço e categoria do vaso de pressão;

c) tipo do vaso de pressão;

d) data de início e término da inspeção;

e) tipo de inspeção executada;

f) descrição dos exames e testes executados;

g) resultado das inspeções e intervenções executadas;

h) conclusões;

i) recomendações e providências necessárias;

j) data prevista para a próxima inspeção;

k) nome legível, assinatura e número do registro no conselho profissional do "Profissional Habilitado", citado no subitem 13.1.2, e nome legível e assinatura de técnicos que participaram da inspeção.

13.10.9 Sempre que os resultados da inspeção determinarem alterações dos dados da placa de identificação, a mesma deve ser atualizada.

Leis, normas e a NR 13 na íntegra **191**

ANEXO I-A

Currículo Mínimo para "Treinamento de Segurança na Operação de Caldeiras"

1. Noções de grandezas físicas e unidades

   Carga horária: 4 horas

   1.1 Pressão

       1.1.1 Pressão atmosférica

       1.1.2 Pressão interna de um vaso

       1.1.3 Pressão manométrica, pressão relativa e pressão absoluta

       1.1.4 Unidades de pressão

   1.2 Calor e temperatura

       1.2.1 Noções gerais: o que é calor, o que é temperatura

       1.2.2 Modos de transferência de calor

       1.2.3 Calor específico e calor sensível

       1.2.4 Transferência de calor a temperatura constante

       1.2.5 Vapor saturado e vapor superaquecido

       1.2.6 Tabela de vapor saturado

2. Caldeiras – considerações gerais

   Carga horária: 8 horas

   2.1 Tipos de caldeiras e suas utilizações

   2.2 Partes de uma caldeira

       2.2.1 Caldeiras flamotubulares[(*)]

       2.2.2 Caldeiras aquotubulares[(**)]

       2.2.3 Caldeiras elétricas

       2.2.4 Caldeiras a combustíveis sólidos

       2.2.5 Caldeiras a combustíveis líquidos

       2.2.6 Caldeiras a gás

       2.2.7 Queimadores

   2.3 Instrumentos e dispositivos de controle de caldeiras

       2.3.1 Dispositivo de alimentação

       2.3.2 Visor de nível

       2.3.3 Sistema de controle de nível

       2.3.4 Indicadores de pressão

       2.3.5 Dispositivos de segurança

(*) Caldeiras fogotubulares.

(**) Caldeiras aguatubulares.

192   Operação de caldeiras – gerenciamento, controle e manutenção

     2.3.6 Dispositivos auxiliares

     2.3.7 Válvulas e tubulações

     2.3.8 Tiragem de fumaça

3.   Operação de caldeiras

    Carga horária: 12 horas

    3.1 Partida e parada

    3.2 Regulagem e controle

     3.2.1 de temperatura

     3.2.2 de pressão

     3.2.3 de fornecimento de energia

     3.2.4 do nível de água

     3.2.5 de poluentes

    3.3 Falhas de operação, causas e providências

    3.4 Roteiro de vistoria diária

    3.5 Operação de um sistema de várias caldeiras

    3.6 Procedimentos em situações de emergência

4.   Tratamento de água e manutenção de caldeiras

    Carga horária: 8 horas

    4.1 Impurezas da água e suas consequências

    4.2 Tratamento de água

    4.3 Manutenção de caldeiras

5.   Prevenção contra explosões e outros riscos

    Carga horária: 4 horas

    5.1 Riscos gerais de acidentes e riscos à saúde

    5.2 Riscos de explosão

6.   Legislação e normalização

    Carga horária: 4 horas

    6.1 Normas Regulamentadoras

    6.2 Norma Regulamentadora NR 13

Nota – As NRs utilizaram a nomenclatura flamotubulares para caldeiras fogotubulares e aquotubulares para aguatubulares.

ANEXO I-B

Currículo Mínimo para "Treinamento de Segurança na Operação de Unidades de Processo"

1. Noções de grandezas físicas e unidades

    Carga horária: 4 horas

    1.1 Pressão

        1.1.1 Pressão atmosférica

        1.1.2 Pressão interna de um vaso

        1.1.3 Pressão manométrica, pressão relativa e pressão absoluta

        1.1.4 Unidades de pressão

    1.2 Calor e temperatura

        1.2.1 Noções gerais: o que é calor, o que é temperatura

        1.2.2 Modos de transferência de calor

        1.2.3 Calor específico e calor sensível

        1.2.4 Transferência de calor a temperatura constante

        1.2.5 Vapor saturado e vapor superaquecido

2. Equipamentos de processo

    Carga horária estabelecida de acordo com a complexidade da unidade, mantendo um mínimo de 4 horas por item, onde aplicável

    2.1 Trocadores de calor

    2.2 Tubulação, válvulas e acessórios

    2.3 Bombas

    2.4 Turbinas e ejetores

    2.5 Compressores

    2.6 Torres, vasos, tanques e reatores

    2.7 Fornos

    2.8 Caldeiras

3. Eletricidade

    Carga horária: 4 horas

4. Instrumentação

    Carga horária: 8 horas

5. Operação da unidade

    Carga horária: estabelecida de acordo com a complexidade da unidade

194 Operação de caldeiras – gerenciamento, controle e manutenção

5.1 Descrição do processo

5.2 Partida e parada

5.3 Procedimentos de emergência

5.4 Descarte de produtos químicos e preservação do meio ambiente

5.5 Avaliação e controle de riscos inerentes ao processo

5.6 Prevenção contra deterioração, explosão e outros riscos

6. Primeiros socorros
Carga horária: 8 horas

7. Legislação e normalização
Carga horária: 4 horas

ANEXO II

Requisitos para Certificação de "Serviço Próprio de Inspeção de Equipamentos"

Antes de colocar em prática os períodos especiais entre inspeções, estabelecidos nos subitens 13.5.4 e 13.10.3 desta NR, os "Serviços Próprios de Inspeção de Equipamentos" da empresa, organizados na forma de setor, seção, departamento, divisão, ou equivalente, devem ser certificados pelo Instituto Nacional de Metrologia, Normalização e Qualidade Industrial (INMETRO), diretamente ou mediante "Organismos de Certifição" por ele credenciados, que verificarão o atendimento aos seguintes requisitos mínimos expressos nas alíneas "a" a "g". Esta certificação pode ser cancelada sempre que for constatado o não atendimento a qualquer destes requisitos:

a. existência de pessoal próprio da empresa onde estão instalados caldeira ou vaso de pressão, com dedicação exclusiva a atividades de inspeção, avaliação de integridade e vida residual, com formação, qualificação e treinamento compatíveis com a atividade proposta de preservação da segurança;

b. mão de obra contratada para ensaios não destrutivos certificada segundo regulamentação vigente e para outros serviços de caráter eventual, selecionada e avaliada segundo critérios semelhantes ao utilizado para a mão de obra própria;

c. serviço de inspeção de equipamentos proposto possuir um responsável pelo seu gerenciamento formalmente designado para esta função;

d. existência de pelo menos 1 "Profissional Habilitado", conforme definido no subitem 13.1.2;

e. existência de condições para manutenção de arquivo técnico atualizado, necessário ao atendimento desta NR, assim como mecanismos para distribuição de informações quando requeridas;

f. existência de procedimentos escritos para as principais atividades executadas;

g. existência de aparelhagem condizente com a execução das atividades propostas.

ANEXO III

1. Esta NR deverá ser aplicada aos seguintes equipamentos:

   a) qualquer vaso cujo produto "P.V." seja superior a 8 (oito), onde "P" é a máxima pressão de operação em kPa e "V" o seu volume geométrico em m^3, incluindo:

      - permutadores de calor, evaporadores e similares;
      - vasos de pressão ou partes sujeitas a chama direta que não estejam dentro do escopo de outras NR, nem do item 13.1 desta NR;
      - vasos de pressão encamisados, incluindo refervedores e reatores;
      - autoclaves e caldeiras de fluido térmico que não o vaporizem.

   b) vasos que contenham fluido da casse "A", especificados no Anexo IV, independente das dimensões e do produto "P.V."

2. Esta NR não se aplica aos seguintes equipamentos:

   a) cilindros transportáveis, vasos destinados ao transporte de produtos, reservatórios portáteis de fluido comprimido e extintores de incêndio;

   b) os destinados à ocupação humana;

   c) câmara de combustão ou vasos que façam parte integrante de máquinas rotativas ou alternativas, tais como bombas, compressores, turbinas, geradores, motores, cilindros pneumáticos e hidráulicos e que não possam ser caracterizados como equipamentos independentes;

   d) dutos e tubulações para condução de fluido;

   e) serpentinas para troca térmica;

   f) tanques e recipientes para armazenamento e estocagem de fluidos não enquadrados em normas e códigos de projeto relativos a vasos de pressão;

   g) vasos com diâmetro interno inferior a 150 (cento e cinquenta) mm para fluidos das classes "B", "C" e "D", conforme especificado no Anexo IV.

ANEXO IV

Classificação de Vasos de Pressão

1. Para efeito desta NR, os vasos de pressão são classificados em categorias segundo o tipo de fluido e o potencial de risco.

   1.1 Os fluidos contidos nos vasos de pressão são classificados conforme descrito a seguir:

   CLASSE "A" – fluidos inflamáveis

   - combustível com temperatura superior ou igual a 200 °C;
   - fluidos tóxicos com limite de tolerância igual ou inferior a 20 ppm;
   - hidrogênio;
   - acetileno.

Operação de caldeiras – gerenciamento, controle e manutenção

CLASSE "B" – fluidos combustíveis com temperatura inferior a 200 °C:

- fluidos tóxicos com limite de tolerância superior a 20 ppm.

CLASSE "C" – vapor de água, gases asfixiantes simples ou ar comprimido.

CLASSE "D" – água ou outros fluidos não enquadrados nas classes "A", "B" ou "C" com temperatura superior a 50 °C.

    1.1.1   Quando se tratar de mistura, deverá ser considerado para fins de classificação o fluido que apresentar maior risco aos trabalhadores e instalações, considerando-se sua toxicidade, inflamabilidade e concentração.

1.2 Os vasos de pressão são classificados em grupos de potencial de risco em função do produto "P.V.", onde "P" é a pressão máxima de operação em MPa e "V" o seu volume geométrico interno em m^3, conforme segue:

GRUPO 1 – P.V. $\geq$ 100

GRUPO 2 – P.V. < 100 e P.V. $\geq$ 30

GRUPO 3 – P.V. < 30 e P.V. $\geq$ 2,5

GRUPO 4 – P.V. < 2,5 e P.V. $\geq$ 1

GRUPO 5 – P.V. < 1

Declara

    1.2.1   Vasos de pressão que operem sob a condição de vácuo deverão enquadrar-se nas seguintes categorias:

- categoria I: para fluidos inflamáveis ou combustíveis;
- categoria V: para outros fluidos.

1.3 A tabela a seguir classifica os vasos de pressão em categorias de acordo com os grupos de potencial de risco e a classe de fluido contido.

CATEGORIAS DE VASOS DE PRESSÃO						
	Classe de fluido	Grupo de potencial de risco				
		1 P.V. $\geq$ 100	**2** P.V. < 100 P.V. $\geq$ 30	**3** P.V. < 30 P.V. $\geq$ 2,5	**4** P.V. < 2,5 P.V. $\geq$ 1	**5** P.V. < 1
		Categorias				
A	• Fluido inflamável, combustível com temperatura igual ou superior a 200 °C • Tóxico com limite de tolerância $\leq$ 20 ppm • Hidrogênio • Acetileno	I	I	II	III	III
B	• Combustível com temperatura menor que 200 °C • Tóxico com limite de tolerância > 20 ppm	I	II	III	IV	IV
C	• Vapor de água • Gases asfixiantes simples • Ar comprimido	I	II	III	IV	V
D	• Outros fluidos	II	III	IV	V	V

Notas – a) Considerar Volume em m^3 e Pressão em MPa;

      b) Considerar 1 MPa correspondendo à 10,197 kgf/cm^2.

Decisões do CONFEA sobre o responsável técnico da operação das caldeiras

Para projetar, construir e se responsabilizar por caldeiras, hão de ser engenheiros atendendo ao disposto pelo Conselho Federal de Engenharia e Arquitetura.

Para operar uma caldeira precisa ter o curso previsto pela NR 13.

Vejamos às orientações do CONFEA:

DECISÃO NORMATIVA N. 045, DE 16 DEZ 1992

Dispõe sobre a fiscalização dos serviços técnicos de geradores de vapor e vasos sob pressão.

O Plenário do Conselho Federal de Engenharia, Arquitetura e Agronomia, em sua Seção Ordinária n. 1.237, realizada em Brasília - DF, ao aprovar a Deliberação n. 080/92, da CAPr – Comissão de Atribuições Profissionais, na forma do inciso XI, do Art. 71 do Regimento interno aprovado pela Resolução n. 331, de 31 Mar. 1989,

CONSIDERANDO os termos da Lei n. 5.194/66, em especial os art. 1°, 6°, 7° e 8°;

CONSIDERANDO os termos da NR 13, Portaria n. 3.214/78 do MTb, que "estabelece normas de segurança de vasos sob pressão", em especial de geradores de vapor (caldeiras);

CONSIDERANDO os termos dos art. 1° e 12 da Resolução n. 218/73, do CONFEA;

CONSIDERANDO os termos dos art. 1° e 3° da Lei n. 6.496/77;

CONSIDERANDO o termos do processo n. 1141/91,

DECIDE:

1. As atividades de elaboração, projeto, fabricação, montagem, instalação, reparos e manutenção de geradores de vapor, vasos sob pressão, em especial caldeiras e redes de vapor são enquadradas como atividades de engenharia e só podem ser executadas sob a Responsabilidade Técnica de profissional legalmente habilitado.

2. São habilitados a responsabilizar-se tecnicamente pelas atividades citadas no item 1 os profissionais da área da Engenharia Mecânica, sem prejuízo do estabelecido na DECISÃO NORMATIVA n. 029/88 do CONFEA.

3. Todo contrato que envolva qualquer atividade constante do item 1 é objeto de Anotação de Responsabilidade Técnica – ART.

4. As empresas que se propõem a executar as atividades citadas no item 1 são obrigadas a se registrar no CREA, indicando Responsável Técnico legalmente habilitado.

Brasília, 16 Dez. 1992.

Publicada no D.O.U. de 08 Fev. 1993 - Seção I - Pág. 1.707

DECISÃO NORMATIVA N. 029, DE 27 MAIO 1988

Estabelece competência nas atividades referentes a Inspeção e Manutenção de Caldeiras e Projetos de Casa de Caldeiras.

O Plenário do Conselho Federal de Engenharia, Arquitetura e Agronomia, em sua Seção Ordinária n. 1.197, realizada em Brasília, a 27 Maio 1988, ao aprovar a Deliberação n. 021/88-CRN, da Comissão de Resoluções e Normas, na forma do Inciso XXIII do Artigo 1° da Resolução n. 268, de 12 Dez. 1980, que acrescenta instrumento administrativo ao Artigo 65 do Regimento Interno do CONFEA, aprovado pela Resolução n. 242, de 29 Out. 1976,

CONSIDERANDO o que consta dos Processos n. CF-1448/85 e CF-0340/85;

CONSIDERANDO o que consta das Deliberações n. 073/87-CAPr 092/87-CAPr e

CONSIDERANDO a DECISÃO NORMATIVA n. 013/84, de 07 Abr. 1984,

DECIDE:

As atividades inerentes à Engenharia de Caldeiras, no que se refere à Inspeção e Manutenção de Caldeiras e Projeto de Casa de Caldeiras, competem:

1. Aos Engenheiros Mecânicos e aos Engenheiros Navais;
2. Aos Engenheiros Civis com atribuições do Art. 28 do Decreto Federal n. 23.569/33, desde que tenham cursado as disciplinas "Termodinâmica e suas aplicações" e "Transferência de calor" ou outras com denominações distintas mas que sejam consideradas equivalentes por força de seu conteúdo programático;
3. As Câmaras Especializadas dos CREAs ou os Plenários farão a análise dos conteúdos programáticos das disciplinas, para efeito de equivalência, na aplicação da presente DECISÃO NORMATIVA, somente em casos específicos e de dúvidas.

Brasília, 27 Maio 1988.

Publicada no D.O.U. de 14 JUL 1988 - Seção I - Pág. 13.125

Pela NR 13 e textos do CONFEA, pode-se concluir:

- cada caldeira deve ter um responsável com as qualificações indicadas pelos textos do CONFEA;
- cada caldeira tem que ter no mínimo um operador e que tenha feito o curso indicado pela NR 13;
- o operador dever ter curso de primeiro grau completo.

Nota – O curso de primeiro grau passou a denominar-se Curso Fundamental.

Onde estudar mais

Os autores encontraram, leram e dão como referências as publicações a seguir:

1. Apostila Senai "Segurança na operação de caldeiras" 1999 <www.sp.senai.br>.
2. Apostila Escola Naval – Colbert Demaria Boiteux.
3. "Bem-vindos ao mundo do Vapor" (várias apostilas sobre linhas de vapor) Spirax Sarco Indústria e Comércio Ltda.
4. Manuais de uso de várias caldeiras.
5. "Instrumentação aplicada ao controle de caldeiras." Egídio Alberto Bega – Editora Interciência, 2003.
6. Artigo "Caldeiras – Como gerar o vapor com economia", Reginaldo de Mattos Onofre – *Revista Mecatrônica Atual*.
7. "Tratado Popular de Física" – Juan Kleiber e Dr. B. Karsten – tradução para o espanhol. Editora Gustavo Gili, 1944.
8. "Geração de vapor e água de refrigeração" – falhas, tratamentos, limpeza química. Evandro Dantas.
9. "Tubulações industriais – materiais, projeto e desenho" Pedro C. Silva Telles – LTC Livros Técnicos e Científicos.
10. Apostila do curso IPH – Prof. Mário Frontini – Disciplina Mecânica Geral.
11. "Guia prático para utilização de vapor sanitário em autoclaves hospitalares" – VM Brasil Engenharia e Comércio.

12. "Instalações Hidráulicas" – Archibald Jose Macintyre – Ed. Guanabara.

13. "Geradores de vapor" – Raúl Peragallo Torreira.

14. "Treinamento de segurança para operadores de caldeiras" – Eng. Jorge Luiz de Araújo – 3. edição. Rio de Janeiro, Associação Brasileira para Prevenção de Acidentes.

15. Apostila: "Condução e manutenção das caldeiras", Alvaro J. A. Baptista – Rio de Janeiro, CIAGA, 1989.

16. "Caldeiras", Iomar Nevs Marques – Rio de Janeiro: Escola Naval. 1957.

17. "Geradores de vapor de água (caldeiras)", Eng. Hildo Pera – São Paulo: Grêmio Politécnico. EPUSP. 288 p.il.

18. "Caldeiras a vapor", de Cesar Tresoldi, 1967. Editor Folco Masucci, São Paulo.

19. "Manual de operação de caldeiras a vapor", Ingvar Nandrup e Mauro Solé de Novaes. Confederação Nacional da Indústria – CNI.

20. "Segurança e Medicina do Trabalho" – Editora Atlas, 40ª edição, São Paulo.

Recomenda-se a consulta a vários sítios (sites) de fabricantes de caldeiras, tubulações, equipamentos de linha, materiais e serviços. Ver:

<www.hotfrog.com.br> assunto: calandra de tubos

<www.jrmaquinas.com.br> assunto: calandra para chapas

<www.protermo.com.br> assunto: caldeiras

<www.sinatub.com.br/caldeiras.htm> assunto: caldeiras

<www. damic.com> asunto: caldeiras elétricas

<www.rossetti.eti.br> assunto: excelente glossário de química

<www.confab.com.br> assunto: grandes caldeiras

<www.ecoflam.com.br> assunto: queimador

<www.tratamentodeagua.com.br> assunto: tratamento de água

<www.polytubos.com.br> assunto: tubulação

<www.pipesystem.com.br> assunto: tubulações em geral

Conversão de unidades térmicas

No mundo do calor temos:

1 J (joule) = 1 N × 1 m

W = J/s

1 hp = 736 W

1 caloria = quantidade de calor para aumentar de 1 °C um grama de água

800.000 cal = 1 kWh

1 J = 0,24 cal

Como a unidade cal significa pouco em termos térmicos, a unidade mais usada é a kcal, equivalente a 1.000 cal.

Lembremos

- Os símbolos de unidades não vão para o plural.
- A grafia das unidades é sempre com letra minúscula, a não ser no caso de homenagear grandes físicos, como N, newton, unidade de força; A de ampère, unidade de corrente elétrica; K de graus kelvin, para temperatura absoluta; W de watt unidade de potência; C de graus Celsius, para medida de temperaturas etc. Newton, Ampère, Kelvin, Watt, Celsius foram grandes cientistas.
- Aceita-se a grafia "L" para unidade litro, para evitar confusão com a letra "l" e o número "1".
- k no sentido de mil é com letra minúscula, assim km significa 1.000 m.

Página para anotações

Cartas respondidas e notas complementares

1 - Carta de um colega

Bom dia!

Como esperei por este ano, um sonho concretizado, ultimo ano da faculdade, mas junto desse sonho vem também algo que esta me deixando sem sono, o famoso "TCC".

Tenho trabalha muito para esse fim, desde do ano passado estou estudando para concretizar minha ideia, foi nessa busca que encontrei seu livro "Operação de caldeira", pois inicialmente minha ideia era falar sobre inspeção de caldeira baseado na NR 13. Olha, com muita sinceridade, pesquisei varias literaturas inclusive o seu "livro" que é muito bom, mas ainda não conseguir definir a ideia do tema para meu TCC, por isso, venho por meio deste lhe pedir, se possível uma ajuda para desenvolver meu TCC envolvendo "Caldeira".

At.
V. J. S.

Colega V.

Não somos ligados ao meio acadêmico e sim ao meio profissional que são duas realidades por vezes diferentes, mas que não deveriam ser.

Eu faria um TCC da seguinte maneira, que seria algo muito útil para toda a sociedade e para o seu crescimento pessoal:

- em sua cidade e cidades vizinhas eu visitaria um grande número de caldeiras (de dez a vinte ou trinta);
- verificaria se a NR 13 está sendo seguida;
- falaria com operadores de caldeiras (há caldeiras funcionando sem operadores, acredite !!!!!!!) e seu grau de treinamento;
- visitar hotéis, hospitais e fábricas em geral e com ênfase na atividade alimentícia que são as que mais usam caldeiras;
- visitaria o sindicato de trabalhadores que cobre esse tipo de trabalhadores;

204   Operação de caldeiras – gerenciamento, controle e manutenção

– consultaria o CREA local;

– iria falar com o promotor da cidade mostrando a ele os resultados, se forem ruins, e pelo risco que isso gera tanto aos operadores como aos vizinhos, anexaria o parecer do promotor ao TCC;

– nunca se esqueça de um contato com a imprensa. Visite um ou dois jornais da sua cidade contando dos frutos do seu trabalho. Isto lhe dará repercussão profissional positiva.

Um relatório como esse merece, e eu daria, nota dez seria não um trabalho para ganhar poeira nos arquivos mas um alerta de um cidadão sobre algo tão importante como a operação de caldeiras.

Espero seus comentários sobre o livro e sugestões de melhoria e complementação.

Bom trabalho

Os autores MHCBotelho e Hercules Bifano.

2 - Nota de jornal

Empresa gera energia com casca de aveia.

A PepsiCO, fabricante da aveia Quaker, passou a utilizar casca de aveia como fonte de energia na caldeira de vapor que abastece as linhas de produção na unidade de Porto Alegre, RS., para a fabricação de produtos à base de grãos da linha Quaker. Gerando energia por meio de biomassa a empresa pretende reduzir em 38.000 m^3 o consumo mensal de gás natural e diminuir a emissão de gases estufa. Além disso, a iniciativa reutiliza 1.440 t de casca de aveia por ano, o que significa 20% a menos de resíduos da fábrica gaúcha.

Karina.Nini.com agências. Jornal O Estado de S.Paulo.

3 - Carta de um colega

Sou engenheiro mecânico aposentado e fui convidado para colocar em funcionamento uma caldeira a vapor de um grande hotel, caldeira essa sem uso faz um mês e algo ou totalmente abandonada pois ela é uma caldeira sem memória pois não existe nenhum documento técnico a ela referente. Pelo que eu soube o fabricante não existe mais, a fábrica teria falido e fechado. Como assumir uma caldeira sem passado?

Resposta dos autores

Colega

Essa é uma situação mais comum do que você imagina. Existem principalmente em hotéis, caldeiras operadas por pessoal sem nenhuma formação técnica. De vez em quando elas explodem matando gente e danificando patrimônio. Em fábricas e hospitais isso ocorre menos.

Cartas respondidas e notas complementares **205**

No seu caso, que tem formação técnica, nós recomendamos:

– desmontar a caldeira analisando tudo e tirando fotos;

– remontar a caldeira analisando tudo e tirando fotos;

– procurar catálogos e folhetos de outras caldeiras similares (de outras marcas);

– com base na NR 13 e normas da ABNT refazer o manual de operação com data e com seu nome dando credibilidade ao documento;

– fazer agora a partida fria da unidade ou seja sem usar calor e verificar se tudo funciona a frio;

– mandar testar a válvula principal da caldeira;

– verificar com cuidado o indicador do nível de água da caldeira;

– verificar com cuidado o indicador de pressão do vapor;

– fazer progressivamente a partida a quente da caldeira;

– dar uma atenção especial aos primeiros dez dias de uso da caldeira a quente;

– escolha um operador que tenha feito o curso de operador de caldeiras. Se ele não existir crie na sua cidade esse curso que gera mão de obra especializada muito útil para o país.

Com esses cuidados você poderá se responsabilizar pelo uso da caldeira que agora tem referências técnicas.

4 - Carta de um leitor

Sugiro a colocação da tabela a seguir sobre características de uso de vapor.

Vapor	Pressão kgf/cm^2	Aplicações	Velocidade
Saturado	0 a 1	Aquecimento	20 a 30 m/s
Saturado	3,5 e acima	Usos gerais	30 a 50 m/s
Superaquecido	Acima de 14	Linhas de alta pressão	25 a 100 m/s

5 - Consulta de um leitor

O que significa BHP?

BHP significa potência consumida no eixo de uma máquina. Como qualquer medida de potência sua unidade é medida ou em watts ou HP ou CV.

BHP nasce da expressão Brake Horse Power.

Página para anotações

Índice de assuntos

a caldeira não parte, 115
a locomotiva, 18, 19
acidentes, 161
água para caldeira, 99
alarmes, situações, 125
ar, 73
associação de caldeiras, 109
autoclave, 21

baixa demanda de vapor, 111
Benjamin Guimarães, 129
boiler e tanque de vapor, 111
bombas para vapor, 151
BPF, óleo, 15

caldeira à eletricidade, 55
caldeira aguatubular, 50
caldeira desativada, 157
caldeira fogotubular, 50
calor de combustão, 35
calor específico, 31
calor latente, 143
calor sensível, 143
calor, temperatura e pressão, 29
capacidade de queimadores, 62
capacidades das caldeiras, 52
casa da caldeira, 95
catálogo comercial explicado, 147

coletor distribuidor de vapor, 72
comando de caldeiras, 89
combustíveis, tipo, 26
combustível gasoso, 26
combustível líquido, 26
combustível sólido, 26
condensado, 80
condutividade térmica, 33
contato com os autores, 209
conversão de Graus Celsius em Graus Fahrenheit, 30
conversão de unidades térmicas, 201
cores nas tubulações, 135
cuidados do operador, 93
cursos para formação de operadores de caldeira, 187

descarga de lodo, 121

eliminação de vapor, 136
eliminador de ar, 76
excesso de solicitação de vapor, 111

Fahrenheit, 30
filtro, 74, 136

GLP, gás, 15

208 Operação de caldeiras – gerenciamento, controle e manutenção

iluminação de emergência, 97
inspeção de caldeira, 174
juntas de expansão, 135

laudo de qualidade da água, 104
leis, 173
linha de condensado, 71
linha de vapor e linha de condensado, 67
linhas de vapor, 67
lodo de caldeira (descarga), 121

manutenção das caldeiras, 131
Maria-Fumaça, 18
materiais de construção, 134
materiais de construção de caldeiras e de linhas de vapor, 133
misterioso vapor, 41

normas, 18, 173
NR 13, 173

panela de pressão, 17
partida da caldeira, 107
pH, 101, 102
potabilidade da água, 103
potência elétrica de caldeiras elétricas, 56
pressão na caldeira, 51
pressostato, 144
purgador, 75, 79
purgador termodinâmico, 81

queimadores, 59

recuperação do condensado, 75
regras de Seu Chiquinho, 10, 94, 115, 128
Regulamentos do CONFEA sobre caldeiras, 197
relatório de visita sobre a água da caldeira, 105
relatório sobre o estado das caldeiras, 153
retorno do condensado, 75
rotinas de operação de caldeiras, 127
rotinas horárias, mensais e anuais do operador, 127

sensores, 87
separadores, 74
Seu Chiquinho, o operador, 10, 94, 115, 128
sistema de redução de água, 74
sistema de redução de pressão de vapor, 113

Tabela Flieger-Mollier, 46
tanque de condensado, 83
tanque de vapor reevaporado, 76
temperaturas, comparação, 167
tensão elétrica de caldeiras, 56
teste para seleção de um operador de caldeira, 171
tipos de caldeiras, 49
tipos de válvulas, 117
título do vapor, 170
transferência de calor, 143

usina termonuclear, 25

válvula de agulha, 121
válvula de alívio, 122
válvula de descarga, 118
válvula de esfera, 118, 120
válvula de gaveta, 119
válvula de quebra-vácuo, 118
válvula de retenção, 119
válvula globo, 120
válvula *on-off*, 118
válvula redutora de pressão, 118
válvulas de segurança, 137
válvulas, tipos, 117
vapor reevaporado (*flash*), 76, 85
vapor saturado, 42, 71, 143
vapor seco, 42
vapor superaquecido, 20, 42, 54, 143
vapor úmido, 42
variáveis energéticas dos combustíveis de caldeiras, 170

Contato com os autores

Os autores, Engenheiro Manoel Henrique Campos Botelho e Engenheiro Hercules Marcello Bifano, têm o maior interesse em saber a opinião do público leitor sobre este livro, *Operação de caldeiras – gerenciamento, controle e manutenção*.

Para se comunicar com os autores e dar sua opinião, solicitamos preencher e nos enviar, via internet, o questionário a seguir.

Eng. Manoel Henrique Campos Botelho
manoelbotelho@terra.com.br

Eng. Hercules Marcello Bifano
herculesbifano@ig.com.br

1 – Você gostou deste livro? Foi útil, de alguma forma?

    Não...............   Gostei...............   Gostei muito...............

2 – Que comentários você faria para a preparação da 2.ª edição deste livro?

....
....
....
....

3 – Sugira, por favor, temas de novos livros técnicos, que, a seu ver seriam úteis.

....
....
....
....

Dê, por favor, seus dados:

Nome ....
Form. profissional................................... Ano de formatura...............
e-mail ....
Endereço ....
Cidade.. Estado.........Cep.....................
Data.........../.........../............